我要去英國
Shopping

MONK BAR

LUXURY HANDM

CHOCOLATES

FASHION:4
我要去英國shopping

作　者：許芷維
發行人：賴任辰
總編輯：許麗雯
主　編：劉綺文
責　編：彭慧雯
美　編：yuying
企　劃：謝孃瑩、黃馨慧
發　行：楊柏江
出　版：高談文化事業有限公司
地　址：台北市信義路六段76巷2弄24號1樓
電　話：(02)2726-0677
傳　真：(02)2759-4681
全球資訊網：http://www.cultuspeak.com.tw
電子郵件：cultuspeak@cultuspeak.com.tw
郵撥帳號：19884182高咏文化行銷事業有限公司
製　版：菘展製版(02)2246-1372
印　刷：松霖印刷(02)2240-5000
行政院新聞局出版事業登記證局版臺省業字第890號
2006年6月初版一刷
定價：新台幣280元整
感謝柏登國際股份有限公司提供Pepe Jeans品牌圖片

我要去英國SHOPPING／許芷維
──初版──台北市：高談文化，2006[民95]
面；公分──FASHION:4
ISBN 986-7101-22-7 平裝
1.商店－英國2.品牌
498　　　　　　95008933

出走到英國，絕對不是去 Shopping的，一切都是情不自禁

　　一群女生嘰嘰喳喳討論著我從英國帶回的戰利品，聽我訴說著如何買到每一樣東西的故事：

「每星期去一次Burberry Factory Shop買台幣720元一件的英國製Burberry Polo衫，一次只能買六件，所以要每星期去！Burberry特賣會時買到的百分之百喀什米亞毛衣，只要2400台幣，摸起來好舒服喔！

240元的Pringle皮夾是台灣價格的十分一。

300元的Fred Perry上衣。

120元的KANGOL 帽子。

1500元的Camper Brothers系列拱門鞋；而且，這還不是我買過最便宜的Camper……」

談到Shopping時每個人臉上的雀躍，恨不得衝到英國去購物的神情，這就是Shopping與女生。

女生愛Shopping似乎是天生的，看到喜歡的東西，總是情不自禁。

情不自禁她的美、情不自禁她的質、情不自禁的Shopping。

既然我們無法抵擋Shopping的魅力，

就只好換個方式找尋便宜的Shopping去處，減少荷包縮水的速度吧！

2003年夏天，我放下台灣的大學學業，藉由台灣國際青年交流協會（ICYE, International Cultural Youth Exchange）參加為期一年的英國社區服務志工計劃（CSV, Community Service Volunteers），從歐亞大陸這一頭的台灣島出走，遠到另一頭的大不列顛島。

出走，是為了追尋自我、為了課本上學不到的知識、為了一場未知的冒險。

冒險的開始──在英國卡地夫大學（Cardiff University）從事社區服務。

冒險的本錢──來自工作單位提供的300英鎊交通補助費。

冒險的精采──休假時利用一半的交通補助費玩遍英國。

冒險的意外──發現英國其實有許多便宜的Shopping去處。

意外的精采──利用剩下一半的交通補助費買遍英國。

意外後的冒險是將冒險的意外寫成書，與大家分享，期待它成為別人冒險的開始。

意外之所以稱為意外，正因為你永遠不知道它甚麼時候發生。

期待下一個美好的意外，英國和我、世界和我，冒險永遠不會結束。

感謝媽媽願意放手讓她的寶貝女兒出走。

感謝其他曾經出走或目前正在出走的CSV、ICYE們提供美美的私房相片，及所有幫忙圓滿這本書的朋友們。

當然還要謝謝高談的編輯，耐心地包容我這個初次寫書的菜鳥。

如果妳就那個情不自禁的女生。

如果妳和我一樣喜歡欣賞「好東西」、穿「好東西」、用「好東西」，卻一直沒有足夠多餘的錢買這些「好東西」。

那麼，請你翻開這本書，看看我如何在高物價指數的英國以最低的價格買到「好東西」。

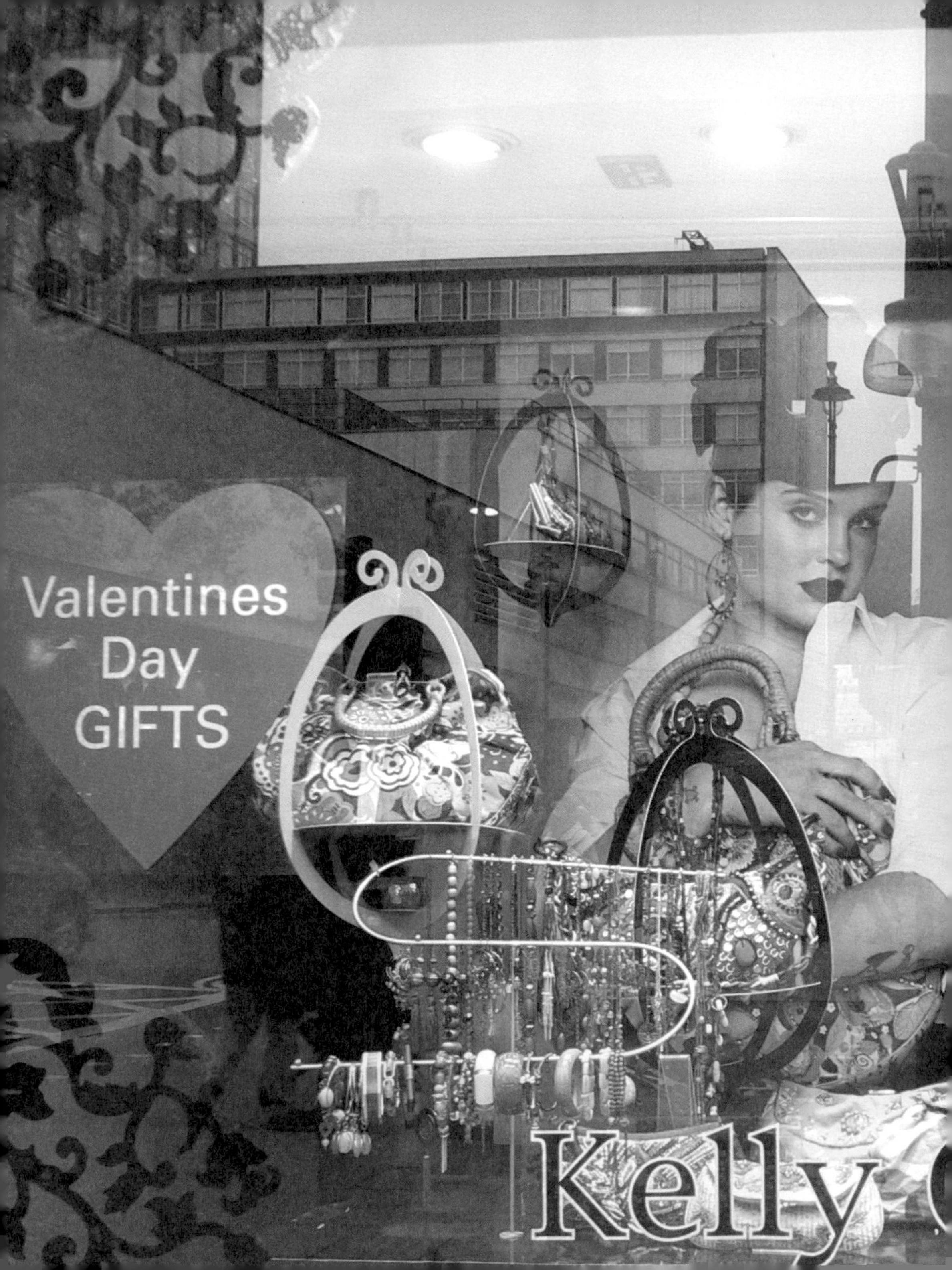
Valentines
Day
GIFTS
Kelly

第1章
品牌大觀園

英國的中正路 High Street並不是一條街道的名稱，而是指「主要購物街」的意思。英國每個城市中至少都有一條High Street，它是整個城市中最熱鬧的區域，去過台灣的外國朋友解釋起High Street總是說：「就是台灣城市中常見的中正路或中山路啊！」

High Street
到底是
什麼呢？

在各地High Street上的品牌商店，皆統稱為High Street Shop，全英國中最值得一逛的High Street就在首都倫敦。像倫敦這種大城市當然不只一條High Street，而且倫敦的High Street的精緻度也是其他城市比不上的。

High Street就像個競技舞台一般，是每個品牌展現特色的地方，從店面裝潢到商品陳設，皆極具用心的吸引消費者的目光；因此，High Street是最適合認識品牌的好去處。在High Street，你可以看到當季的流行，品牌的風格，要熟悉各家品牌及英國購物環境，到High Street走一遭就對了！

High Street上的商品一般折扣期是一年兩次的換季大打折，冬天在聖誕節前夕就先推出少數折扣，吸引購買聖誕禮物的人潮，聖誕節過後各家商店開始紛紛降價促銷，折扣會一直持續到1月的第三個禮拜左右。夏季折扣則從6月底開始，一直到8月初。季中時也有折扣，時間在復活節前後，只是折扣沒那麼多。

Oxford Circus

Oxford Circus 商圈

Oxford Circus商圈是以Oxford Street與Regent Street交叉的Oxford Circus為中心。成放射狀的購物商圈，堪稱是倫敦最大、品牌最多的黃金購物地帶，許多品牌的旗艦店都設在此地，唯一的缺點是此區觀光客多，不但相當擁擠，也不能愜意享受安靜的購物環境，撿到便宜的機會並不大。

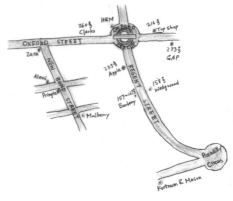

Covent Garden

電影《窈窕淑女》中奧黛麗赫本賣花的市場就是在Covent Garden，今日的Covent Garden是年輕人的天下，少男少女最愛來這個區域逛街。出了Covent Garden地鐵站就可以看到左右兩排的店面，或是逛進旁邊有玻璃覆蓋的室內廣場，廣場裡也有許多店家，特別是英國美容保養品牌，如：Lush、Body Shop、Crabtree & Evelyn，都很齊全。來到Covent Garden時，可以先到Covent Garden地鐵站拿免費的Covent Garden雜誌，裡面有地圖及最新活動資訊。

SEVEN DIALS
FIRST STOP FOR
BIG CHEESES

Senven Dials 鄰近Covent Garden的 Senven Dials是以Senven Dials廣場為中心，向外延伸七條街道的區域。除了道路兩旁的商店外，Senven Dials內有一個小型的購物商場叫 Thomas Neal's Centre，在Senven Dials中或者說在倫敦中，我自己最喜歡的地方就是這裡。身處在巷弄中的小小天地裡，每棟房子都漆成鮮豔的色彩，走進這裡彷彿擺脫了外面世界的喧囂，夏日午後時分在露天的餐廳裡喝杯茶，好好享受，很有一番滋味。如果你跟我一樣是Alessi的愛好者，那你一定會喜歡上Senven Dials。

Knightsbridge & Chelsea

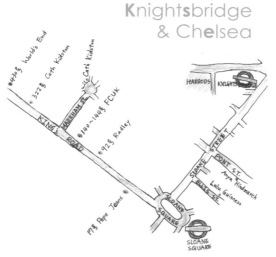

Knightsbridge是倫敦傳統的高級商圈,因為鄰近海德公園,所以此地也是高級住宅區,整個區域散發著濃烈的維多利亞色彩。這裡最主要的購物商城以Harrods與Harvey Nicholas這兩間倫敦知名的百貨公司為主,連接Chelsea方向的Sloane Street也有許多國際精品,沿著Sloane Street進入以Sloane Square後,就來到時髦的Chelsea。乾淨的街道、清新的空氣,跳脫Oxford Circus的擁擠人潮,甚麼樣的逛街是種享受?來Chelsea就知道了!

就是要買
Made in
Scotland的
Pringle

話說，我第一次到Chester的Pringle Outlet購物時，出乎意料外的便宜價格讓我大肆採購，我將挑好的衣服陸陸續續放到櫃檯上，這時……

店員：這些都是妳要的嗎？要不要我先幫你折起來的呢？

我說：是的，都是我要的，可是先讓我再檢查一下嗎？

店員：檢查尺寸嗎？我幫妳。這件是M的，這件是L的……

我說：不是的，我要檢查產地是哪裡？

店員帶著疑惑的表情：產地是哪裡？

我說　：是的，Made in China的不要。

店員的表情還是疑惑：為什麼妳不要Made in China的？

我說：因為我不要大老遠飛來英國，買一件我家隔壁生產的衣服。

店員的表情頓時從疑惑轉為好奇：哪裡生產的你才要？

我說：當然是Made in UK，最好是Made in Scotland的！

好奇的店員：為什麼？

我說 ：牌子既然叫「Pringle of Scotland」當然要**Made IN Scotland**（蘇格蘭）

我們的對話把另外兩位店員吸引過來，三位店員對看了一會兒，點了點頭說：好的，我們幫妳檢查。這時三位店員同時動員，接下來的對話就變成……

英國製？　OK！

葡萄牙製？　葡萄牙，讓我想一想。

蘇格蘭製？　OK！

香港製？　那是毛衣嗎？

是的。　我不要！

中國大陸製？　那是毛衣嗎？

不，是T恤。　好吧！勉強接受。

　　近幾年來，許多品牌紛紛把工廠移至大陸、東南亞等工資便宜的地區，Pringle也可以看到這種現象。一開始是配件的部份先出現「Made in China」的字樣，廣受台灣人歡迎的紅標保齡球包及皮夾大部分都是大陸製的；從去年開始，架上也端出香港製的毛衣。在我的直覺裡，既然是「Pringle of Scotland」，產地當然要在Scotland。因此，買Pringle的衣服時總是特別小心注意生產地，更不容許其他產地生產。我也不知道這是哪一種情結作祟，但我就是覺得如此傳統的老牌子，不應該容許非傳統的過程出現。T恤的產地外移，我還可以接受，但是Pringle的代表性商品毛衣出現別的產地，可真讓我對它的價值稍稍減了點分！如果你和我一樣的情結，下次購物時可要張大眼睛囉！

針織外衣與兩件式上衣的創始者

回頭說說Pringle的歷史，Pringle of Scotland以生產奢華流行的針織毛衣聞名國際的英國品牌，英國針織毛衣工業的發源地於英格蘭與蘇格蘭的邊界，而Pringle正是這個地區中的老牌之一。

1815年，Robert Pringle在蘇格蘭邊境的小鎮Hawick成立Pringle，早期生產針織襪類及內衣為主，經營多年後，輾轉將針織技術運用在外衣上，使Pringlet成為全世界第一家將針織技術運用在外出服的公司。「Knitwear（針織衫）」這個字就是在Pringle公司的內部會議中，創造出來描述這項新產品的。這項上個世紀的重大革新至今仍然影響著整個時裝業，今日實在難以想像沒有針織衫的時尚會是如何。

目前常見的兩件式上衣（Twinset）款式也是由Pringle的第一位正式設計師Otto Weisz所設計出來的。Otto Weisz於1934年上任，他對時尚風格的天生靈敏度與針織衫的愛好，完整展現了Pringle的哲學理念。兩件式上衣最初是將開釦羊毛衫與毛衣重新修改成貼身剪裁款式，並同時兼顧實用與造形；很快的，兩件式上衣的新穎設計在倫敦的社交界中形成風潮，名媛們經常穿著兩件式上衣搭配珍珠項鍊，出席下午茶約會；英國女皇也曾以這樣的裝扮出現在公開場合，一個時尚界的傳奇就此誕生。今日，兩件式上衣已成為英國服飾風格的代表之一，具體展現英式風采。值得一提的是，顛覆男性對粉紅色的刻版印象並不是這幾年的事，Pringle早在幾十年前就為男性推出粉紅色喀什米亞毛衣了！

Pringle在1871年投入生產喀什米亞服飾，1940～1970年代是Pringle Cashmere的全盛時期，據說幾乎所有電影明星都人手一件。50年代好萊塢「玉女掌門人」葛麗絲凱莉與摩納哥雷尼爾親王的世紀婚禮時，也為即將到來的蜜月旅行採購了幾件Pringle Cashmere。Pringle為了創造出嶄新的時尚格紋，致力於Cashmere織法與布花上的技術改進，它將鑽石形狀的拼接靈感運用在布花上，創造出我們今日所知的Pringle菱形格紋（Pringle signature argyle pattern）。

菱形格紋的出現吸引了英國皇室的注意，並先後得到伊莉莎白皇后與英國女皇伊莉莎白二世的皇家認證，逐成為Pringle的代表之一。現在，菱形格紋不只是毛衣上的圖騰，為了因應各種季節與不同場合，廣泛運用菱形格紋轉印在運動休閒的棉質T恤上、平織在襯衫上、防風禦寒的長大衣、迷你熱褲等等，一年四季，春夏秋冬，菱形格紋永遠是時髦的代表。

驕傲的穿著Pringle

除了菱形格紋是Pringle的代表外,躍起的雄獅也成為Pringle的商標。雄獅不但是皇室紋章中最常出現的野獸圖案,躍起的獅子也代表著Pringle的發源地——蘇格蘭,這隻昂首雄獅給人的印象如同Pringle對自家衣服的自信標語「Wear Your Pringle with Pride(驕傲的穿著Pringle)」。

近200年歷史的Pringle也曾在時代的洪流中沒落,近幾年來致力轉型的Pringle在2000年時標榜著「全新的視野與熱情」,揭開嶄新的一頁。「全新的視野」是復興Pringle過去奢華的時尚歷史,「熱情」則是不斷的奉獻創造兼具傳統與革新的美麗衣服,展現迷人的魅力。不負眾望的Pringle成為老牌翻新的成功案例,重新回到時尚名流的懷抱,受到貝克漢辣妹夫婦、瑪丹娜等人的愛用,再度躍於時尚舞台,大放異彩。

目前Pringle旗下有金標、紅標、高爾夫三個系列,金標價位最高,品質也最為精緻,注重細節呈現,展現Pringle的英式優雅;紅標系列偏向街頭文化的年輕設計,價位較低,經常在服飾與配件上運用雄獅標誌,符合目前年輕人喜愛大大的logo穿在身上,流行卻不落俗套;高爾夫系列則是為頂級的高爾夫客群,推出精緻且舒適的運動服飾。

頂級皮件代表
Mulberry

Mulberry之於英國就如同Hermes之於法國，兩者都是兩國時尚工業中的皮件頂級代表，唯一不同的是Mulberry沒有Hermes的百年歷史，雖然Mulberry展現出老牌的風範，但事實上卻只有35年的歷史。Mulberry於1971年由Roger Saul自英國鄉村Somerset創立。70年代的Mulberry創造出手工雕紋的腰帶與以桑樹為商標的皮包系列，兼具復古、實用與浪漫的皮包堪稱70、80年代最火紅的商品。

近年來，受到眾多名人相繼的影響，如：名模Kate Moss提著Mulberry亮相，使得Mulberry再度重回時尚舞台，成為許多女生的夢幻逸品，其中最暢銷的莫過於Roxanne包和Bayswater包。Mulberry強調的實用性及復古高雅的英國風格，不斷帶給顧客新的體驗，隨著每季的色彩變化加入新的流行元素，讓Mulberry在全球重新翻起一股70年代的皮件熱潮，台灣也於2005年趕上潮流，注意到Mulberry的存在。

Mulberry主要販賣各式各樣的男女高級皮包為主，在國際間以細緻的作工及品質聞名，除了皮革挑選講究外，更融合了出色的外型設計。目

前，Mulberry所生產的Roxanne包 及Bayswater包已經成為時尚的經典。隨著時間發展，Mulberry目前還擁有男女裝系列及傢飾系列。將設計精神延續到服飾中，不管是復古印花的可愛雪紡紗上衣或是軟皮夾克皆獲得廣大歡迎。

直到今日，Mulberry還是聘請當地的工匠維持Mulberry的品質與精神，以完美的要求呈現產品。Mulberry所使用的皮質獨樹一格，如：充滿異國風味的Congo皮革、帶著復古風情的Scotch grain材質、Darwin皮革、Rio皮革等高品質的牛革，再搭配上不同顏色展現萬種風情，不僅具有柔細的觸感也兼具耐用的特性。即使是同一款式的包包，也會因為皮質與顏色的互相搭配呈現出不同風貌。因此選購Mulberry包時，建議親自挑選，親身體驗不同質感，才能選出符合自我風格的Mulberry。

Mulberry的靈魂人物也是目前的創意總監Stuart Vevers自大學服裝設計系畢業後，就專門從事配件的設計工作，也曾經為Louis Vuitton、Givenchy和Bottega Veneta等知名品牌工作，後來在2004年開始受Mulberry聘任為藝術總監，積極的為品牌注入新意。

Mulberry的代表材質及單品

Darwin皮革：Mulberry特有的Darwin皮革，強調皮革的自然特色，經由植物鞣皮的獨特處理帶出皮質的自然特性。

Rio皮革：強調皮革的特殊紋理，每個皮包會因皮紋的不同而獨一無二，越常使用越能表現紋理的特色。

Congo皮革：屬於Mulberry的暢銷經典皮革之一，在牛皮上創造出鱷魚皮紋的特殊處理，使用傳統的手工補白技術（hand padding）為皮革做最後完美的修飾。使用越久，越能展現皮革風味。

Scotch grain材質：Mulberry另一款經典材質，表面運用聚乙烯處理的織棉，有特殊的卵石顆粒紋路，以耐用度強著稱，除了手提包外，也經常使用在行李袋上。

時髦機能酷包Roxanne：Roxanne包堪稱「多口袋、多鉚釘、多扣環」；多口袋指的是外側有兩個小袋，內部還有一個拉鏈袋；多鉚釘指的是皮包接縫處多有鉚釘；多扣環是說外帶開口處及提包袋口的左右、中央皆搭配古銅釦環的皮帶，皮帶上打了許多釦洞，方便隨時調整長度。

Clarks

MENS DOWNSTAIRS

一自然、第一舒適、第一PU、第一氣墊皮鞋……許多第一的Clarks

說到英國鞋子的品牌代表，非Clarks莫屬，一向以鞋款舒適聞名的Clarks，歷史有將近兩世紀之久。Clarks的創立源自於1825年，當時Cyrus Clark和James Clark兩兄弟在英國Somerset小鎮上開啓他們小小的羊皮拖鞋生意，再逐漸發展為代代相傳的家族企業，到了1883年，

William Clark創造出第一雙符合自然腳型的鞋子,這在當時來說是鞋業的大革命,將製鞋的觀點轉換成以「自然健康」為主,Clarks可是第一人。

1950年代,Nathan Clark設計出第一雙Clarks原創鞋款Desert Boot。到了50年代晚期,Clarks突破製鞋技術,直接將橡膠鞋底接在皮鞋上。60年代時,Lance Clark設計出全世界第一款舒適鞋款,也就是我們一般稱為袋鼠鞋的Wallabee。70年代的Clarks則是推出我們今日所熟悉的PU鞋墊,PU改進了一般鞋墊的缺點,減輕鞋墊重量,增強耐用度,這也是一項鞋業科技的突破。1980年代,Clarks將氣墊鞋底的概念運用到皮鞋上,這個概念延續到90年代,帶動鞋業製造商重視鞋子的舒適度,1996年Clarks更被選為年度最佳製鞋廠商。近年來因應製造業的全球化趨勢,Clarks不得不跟進這股潮流,關閉英國的工廠,轉向工資較低的國家設廠。2005年的4月時,Clarks在英國的最後一家工廠也正式關閉,只剩下總部還在英國,其他所有產品都已在其他地區生產了!

過去被消費者認為樣式不夠新潮的Clarks,這幾年重點努力轉型,Clarks一方面努力設計出新穎的鞋款企圖跟上時代的腳步,另一方面強調通過歷史考驗的經典鞋款。除了一般的男女鞋系列之外,Clarks將經典鞋款以Clarks Originals系列重新包裝,再度受到時尚界的注目,經常在嘻哈唱片封面及服裝秀中亮相。

Clarks Originals系列第一雙鞋——軟皮低筒靴Desert Boot於1950年代由Clarks創始人的曾孫Nathan Clark看到英國軍官在二次世界大戰時所穿的靴子所設計出的鞋款,這款鞋甚至被美國普林斯頓大學學生視為必備的普林斯頓穿衣風格。其他知名的Originals系列還有Wallabee、Desert Trek……等等。Clarks Originals並不屬於哪一個特別的年代,這些經典鞋款在每個時代中做出了不同的詮釋,由60年代的Mod族、頹廢的歐洲浪子(Euro trash)族、到今日的Hip Pop族,永遠不變的是Clarks所堅持的自然舒適品質。

一般的Clarks專賣店並沒有販賣Clarks Originals系列,它由幾間專門的鞋子代理商經銷,位在倫敦Oxford Street的Schuh,或是Clarks outlet裡也可以看到Clarks Originals的蹤跡。

時尚無國界的 Zara

來自西班牙的平價服飾品牌——Zara以一種時尚無國界的概念，設計出平易近人、當季趨勢流行的服飾，並每間分店裡營造舒服購物的氣氛。它以成衣量產的方式及平實的價格，造就絕佳的銷售量。雖然在英國買Zara的服飾沒有比西班牙便宜，不過我還是推薦你逛逛Zara，特別是在折扣季時，Zara裡絕對有許多便宜的折扣商品。

Zara除了一般的男、女裝外，還區分出Basic和TRF兩個系列：Basic系列以基本款式為主，多色系的簡單剪裁上衣與褲子是衣櫃裡的必備款式。另外針對年輕族群所推出的TRF，在風格或衣服版型上都特別迎合少女口味。我自己相當推薦TRF中的T-Shirt Collection，現代人生活中必備的T-Shirt，Zara就做出了各種不同的變化，誰說T-Shirt看起來大同小異呢？看看T-Shirt Collection你就知道自己有多少種選擇了！

TRF T-Shirt Collection的毛球娃娃上衣 £5
這件可愛上衣原價大約£17，我是在季末折扣打到£5時購得。上半部由是純羊毛織，下半部是純綿，中間的毛線球拉繩可以拉出高腰身，穿起來非常可愛。

TRF T-Shirt Collection 石洗粉紫羅蘭上衣 £5
如同古著般的石洗色調，胸口有細膩的簍空勾花，同樣以£5的折扣價購得，比起台灣夜市販賣的衣服還要划算呢！

你今天的打扮好英國喔！

Top Shop的服飾風格是非常標準的英國年輕人風格。在英國大學裡，有來自世界各地的學生到這裡唸書，只要外籍學生一穿上Top Shop，馬上有人對妳說：「你今天的打扮好英國喔！」Top Shop的英國風並不是像Burberry、Pringle那種貴族皇室的味道，而是普遍風行在十幾二十歲年輕女性的英國平民潮流，像是超短迷你裙、黑白洋裝、寬版的閃亮皮帶；因為電影《蒙娜麗莎的微笑》吹起60年代復古洋裝、2003年的粉紅與黑色搭配、2004年的長串糖果珠項鍊，還有早於台灣流行前一年就出現在貨架上的大花頭飾等等。

位於Oxford Street的Top Shop號稱是全英國最大的Top Shop，整間店面共有三層樓，男裝、女裝、配件到童裝，各種商品應有盡有。以英國的物價來說，Top Shop的價格合理，衣服的品質也不錯，一系列各色基本款式的T恤、背心，相當受到英國人歡迎。不論有沒有折扣，店內永遠川流不息，更不用說假日或者折扣時像菜市場般的擁擠情形，試穿間門口的排隊隊伍總是長長一串。

我個人覺得Top Shop的衣服裝扮最適合到Pub、Club遊玩，在英國Pub、Club中，入時的打扮相當重要，跟著Top Shop的風格，絕對不會出錯！

New shoots...Spring 2006

完美詮釋
生活之美的Wedgwood

　　生產瓷器聞名世界的英國老牌Wedgwood，從1759年成立至今已經跨越兩個世紀。近250年來，Wedgwood的高品質與產品設計技術不斷的創新，令它今日依然站立在瓷器業的至高點上。

　　被譽為英國陶瓷之父的Josiah Wedgwood是Wedgwood的創始者，他出生於英國斯塔福德郡（Staffordshire）的陶瓷工業重鎮，在他自創品牌之前，就是在當地的陶瓷廠當學徒。Wedgwood先生視「創新」為品牌中不可或缺的重要部分，並不斷的朝著這個方向努力，他本身即

創造出Wedgwood的三項不朽之作：Queen's Ware（1762年）、Black Basalt黑陶系列（1768年）和Jasper碧玉浮雕系列（1774年）。

　　極富盛名的Queen's Ware是在1765年經過夏綠蒂皇后（喬治三世之妻）的許可並命名為皇后御用瓷器，在那個年代的乳白色陶瓷質地粗糙易碎，Wedgwood的Queen's Ware所使用的乳白陶瓷遠遠超過了當時的技術，製造出平滑且堅固的品質，成為經典之作。Jasper 碧玉系列則以素色為主體，乳白色的浮雕，創造出猶如寶石般的精美手工作品藝術品。

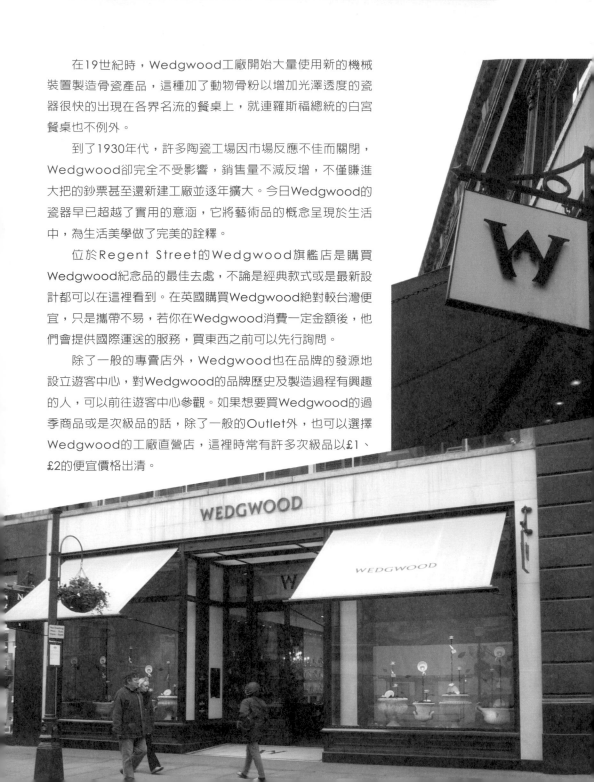

在19世紀時，Wedgwood工廠開始大量使用新的機械裝置製造骨瓷產品，這種加了動物骨粉以增加光澤透度的瓷器很快的出現在各界名流的餐桌上，就連羅斯福總統的白宮餐桌也不例外。

到了1930年代，許多陶瓷工場因市場反應不佳而關閉，Wedgwood卻完全不受影響，銷售量不減反增，不僅賺進大把的鈔票甚至還新建工廠並逐年擴大。今日Wedgwood的瓷器早已超越了實用的意涵，它將藝術品的概念呈現於生活中，為生活美學做了完美的詮釋。

位於Regent Street的Wedgwood旗艦店是購買Wedgwood紀念品的最佳去處，不論是經典款式或是最新設計都可以在這裡看到。在英國購買Wedgwood絕對較台灣便宜，只是攜帶不易，若你在Wedgwood消費一定金額後，他們會提供國際運送的服務，買東西之前可以先行詢問。

除了一般的專賣店外，Wedgwood也在品牌的發源地設立遊客中心，對Wedgwood的品牌歷史及製造過程有興趣的人，可以前往遊客中心參觀。如果想要買Wedgwood的過季商品或是次級品的話，除了一般的Outlet外，也可以選擇Wedgwood的工廠直營店，這裡時常有許多次級品以£1、£2的便宜價格出清。

清新的美式Gap

　　來自美國舊金山的Gap林立於一間又一間的英國品牌名店中，不自覺流露出一股清新之感。之所以會有Gap這個品牌是因為在1969年時一位名叫Don Fisher的先生；由於他在市面上找不到一件看得上眼的牛仔褲，他為了解決自己的煩惱，就創立了Gap。Gap的服飾充分展現美式的自然隨性風格，每季的服飾都有不同的主題，極具辨識度，不管是上班穿的正式服飾或週末旅遊的休閒服飾，Gap皆可以滿足你的需求。

　　2006年，Gap加入了一個稱為PRODUCT RED 的計畫，這個計畫是為了幫助非洲的愛滋媽媽與愛滋寶寶， Gap預計於2006年秋天在英國與美國推出這個新的系列「Gap RED」，不只是Gap加入了這個計畫，像是Emporio Armani與Converse等品牌也有為此計劃推出的商品，經過Gap時，不仿留意這個新的系列。

　　Gap店中常常有一個小角落擺放特價出清的商品，大多是褲子跟裙子，價格便宜的不可思議。我有一次買到兩條長褲跟一件裙子，全部只花了我850元台幣，如果Gap沒有打折的時候，850元也買不到一條褲子。

荒野中的格子魔咒

近幾年的台灣彷彿被下了「格子」魔咒，大家都想盡辦法買下格紋騰在身上……領口、袖口、提包等，魔咒中越深者，買下的格紋就越大片；然而這股魔咒的原始施咒者，無疑是來自英國的Burberry。

百年歷史的**時尚魅力**

　　獨一無二的防水風衣、迷人的駝、黑、紅、白相間格紋、手握旗幟的騎馬戰士，這些今日時尚代名詞的元素皆來自150歲的英國老牌Burberry。讓我們時光倒流，回到150年前，看看Burberry的崛起至今的歷史。

150年前，21歲的Thomas Burberry在英國漢普夏郡開設自己第一家服飾店。
127年前，Burberry經過不斷研究，將農民耕作時穿的防污外衣為靈感，研發出一種防水防皺、透氣耐穿的新布料，命名為「華達呢」(gabardine)，這就是Burberry經典風衣布料的起源，同時，這款布料也在1888年取得專利。

115年前，Burberry在倫敦Haymarket開設第一間店，也是目前Burberry總公司所在。

111年前，Burberry在1890年代設計的Tielocken外套成為軍用大衣（trench coat）的前驅。

105年前，騎士標誌正式註冊成為Burberry的商標。

86年前，原先作為風衣內裡的紅色、駝色、黑色、白色相間的格紋也經註冊成為商標；自此經典格紋開始大量應用到Burberry的商品中，如雨傘、皮包、圍巾等等。

51年前，Burberry獲得英國女皇的皇家認證殊榮。

2006年，Burberry慶祝150歲的生日。

Burberry 這個具有獨特英國風格的高價品牌，其風格品味不僅吸引了不同年齡層的顧客，也有廣大的支持者。自1856年品牌成立至今，Burberry儼然與高品質畫上等號。由歷史看來，Burberry早期較偏向生產戶外旅行用品，專門的防水服和獵裝、女士的高爾夫球裝和射箭裝、男士的釣魚裝和網球裝，以及登山、滑雪、騎單車的服裝等等。許多知名的飛航家與探險家皆使用Burberry的產品，1911年人類初次造訪南極的探險隊即是穿著Burberry的服飾，連帳篷也是採用Burberry的華達呢。

在世紀轉換之際，Burberry的軍用雨衣（Trench Coat）發展徹底改寫戶外服飾的歷史，原先專為英國軍隊設計的軍事裝備轉變成時尚的一環，又因各界名人的愛用，名聲一躍千里，並獲得英國女皇及威爾斯親王的賞識取得皇家認證。原先是大衣內裡的Burberry格紋也出乎意外前所未有的受到眾人的注目，因而成為Burberry的商標之一。

Burberry中最頂級的系列稱為Burberry Prorsum，以設計感與精緻度為訴求，當然在價位上也是最高檔的。在英國一般常見到的是Burberry London系列，主要展現英國的生活風格為定位，並運用大量經典格紋與騎士logo於此系列中；另外還有Burberry Golf系列（即Thomas Burberry），Thomas Burberry以運動風格為主，針對20幾歲年輕消費族群。其他周邊系列如：童裝、鐘錶、眼鏡、香水、家飾品等等，也是Burberry的發展範疇。

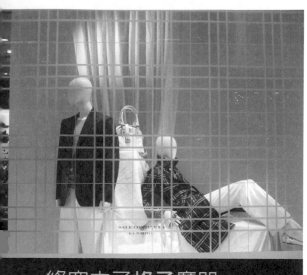

終究中了格子魔咒

　　在我前往英國前，自認為有解「格子咒」的能力，因為我抵抗了無數人嘗試對我灌輸「到英國一定要買Burberry」的想法。到了英國後，倫敦的Burberry旗艦店或是高級百貨裡裝潢講究的專櫃都沒有勾起我購買格子的欲望；沒想到，我最終竟在英國鄉村的中了格子魔咒。

　　第一次前往Burberry factory shop是因為居住當地找不到有趣景點，悶了幾天慌的我決定把Burberry factory shop當作是一趟鄉村旅行。從我住的城市Cardiff搭小火車過去，只要50分鐘左右，搭火車的途中還欣賞到南威爾斯的丘陵景色；巧的是，我在英國遇到的第一次大雨與第一次大雪都是在搭乘這段火車時，綿連的山丘身處在大雨或大雪中，帶來一股蒼蒼無際的美感。

　　Burberry工廠住在Ynyswen車站附近，當地一帶都是工廠廠房，人煙較少，出了站右轉直走就可以看到小小的Burberry藍旗在空中飄揚，那裡就是Burberry工廠。賣場小小的，不過該有的基本款都有，在這裡購物沒有在專賣店購物的那種壓力，店員不會一直盯著你，為你服務，商品沒有擺的漂漂亮亮的，你自然也不用小心翼翼的對待它們。

　　當原本高不可攀的衣服在這裡變成如此平價時，自然也挑起了我的慾望，我開始享受每次的工廠之旅，每展開一件衣服就是一個探險的開始，緊張、期待的心情起起伏伏，每當我找到喜歡的衣服時，連心都在微笑的感覺……這就是格子魔咒吧！

fitting room

fitting room

SALE
7⁹⁹

充滿活力的H&M

雖說H&M一直給人年輕活力的形象,其實H&M這個品牌已有50年的歷史:從1947年在瑞典的小型成衣商店開始,到如今成為世界上最大的時裝零售商之一,約有1,200間分店遍佈全球22個國家。

H&M標榜平民化的價格買到具時尚品質的衣服;旗下將近100位服裝設計師、50多位布花設計師及100多位採購專員,高效率的提供消費者最新的流行款式;店裡不但販賣服飾配件,還有自己的化妝品。

2004年冬季,H&M創新開啟與時尚大師合作的管道,激

請Karl Lagerfeld設計一系列的高級時裝並以平價賣出，讓希望擁有香奈兒的女孩們，也有夢想時實現的一天。Karl Lagerfeld for H&M系列推出時造成轟動搶購，當天的商品全數售罄；H&M接下來又找上英國女設計師Stella McCartney合作，商品同樣造成轟動。

H&M的折扣時間比其他品牌晚，雖然它會跟上6月底開始的夏換季折扣，與聖誕節後的大打折，但折扣的款式不多，折數也比較高。H&M在上述折扣時間約莫3個禮拜～1個月後，才有較便宜的折扣，一般的最低折扣約2.5折，偶而會出現折扣商品再半價的優惠。

酷極了的Apple store

位於倫敦Regent Street上的Apple電腦旗艦店佔地極廣，現代的室內設計身處在古老的建築之下，整個展場的設計只能用「酷」這個字來形容。賣場展示了各式各

34

樣的Apple產品,二樓設有產品使用教學的講座場地與
產品維修吧檯。雖然Apple的產品在英國並沒有比較便
宜,對我而言,來到Apple Store的主要目的是它提供
的免費上網功能。相較於台灣,英國一般網咖費用可是
為台灣的兩倍之多;走入Apple Store,只要按下螢幕
下角的「@」圖示,對旅行者而言可是省下了一筆為數
不少的網路花費。

販賣二手**蠟燭**起家的
Fortnum & **M**ason

靠著販賣二手蠟燭成功的例子聽來似乎是個天方夜譚，但是如果那些蠟燭是女王的蠟燭，這大概就有可能發生了。

Fortnum & Mason 成立於1707年，至今已將近300年的歷史，它的名字源自兩位創始人William Fortnum和Hugh Mason的姓名。Fortnum & Mason的發展史要追朔到300年前創始人之一的William Fortnum。他在1707年時，任職為英國安妮女王的管家僕人，他每天晚上都

要為安妮女王更換新的蠟燭，藉由職務之便的他將這些使用過的蠟燭販賣以賺取利益，同時與Hugh Mason先生在倫敦的Piccadilly大道上合夥經營一間小雜貨店。由於William Fortnum藉著皇室工作之便順便兜攬生意，因此Fortnum & Mason的小雜貨店經營得相當成功。

安妮女王過世後，隨之而來的喬治王朝時期是個貿易繁盛的時代，這個時空背景下的中產階級開始出頭，擁有足夠的能力消費，因而間接提升了Fortnum & Mason的生意。身為英國代表茶商之一的Fortnum & Mason，雖然認為他們並非引起美國獨立導火線中，波士頓傾茶事件的茶葉供應商，但自從美國獨立後，這些同一民族卻不同國籍的美國人，的確先後成為Fortnum & Mason的忠實顧客。

Fortnum & Mason在食品界嶄露頭角源於William Fortnum的孫子Charles在1761年接手事業之後。Charles與他的祖父一樣，同為英國皇室服務，皇室

的工作再次成為助益，Charles在店內提供美味方便的熟食，受到大眾的熱烈歡迎。Fortnum & Mason事業的另一高峰點是拿破崙戰爭時期，許多參戰的軍官從Fortnum & Mason訂購家鄉食糧。Fortnum & Mason在維多利亞時期也經常為上流社會供應餐點，或是為貴族準備私人的野餐籃。當克里米亞戰爭爆發時，維多利亞女王也從Fortnum & Mason訂購了補給品，送給遠在戰區醫院服務的南丁格爾。Fortnum & Mason

得到的第一個皇室認證是由維多利亞女王所頒予，之後一躍成為英國皇室御用品。

今日位於Piccadilly大道上的Fortnum & Mason不只販賣高級食材，同時還販賣高級水晶、瓷器、浴室用品等等，已經發展為全方位的百貨商店。商店外牆上方所看到的華麗大鐘於1964年時建造，這個大鐘重達四公噸，每到整點的時候，就會有4英尺高的機械Fortnum先生人像與Mason先生人像，

自時鐘左右兩邊走出來互相鞠躬，並搭配上18世紀的背景音樂。如果想要享用道地的英式午茶，也可到Fortnum & Mason中附設的餐廳享受一番。值得一提的是，Fortnum & Mason中也有販售台灣的高山翠玉烏龍茶，每125g可是要£24呢！他們還將這款翠玉烏龍視為世界上最好、最有風味的綠茶，看來不只台灣人愛喝英國茶，英國人對台灣茶也情有所鍾呢！

Fred Perry
與英國
草地網球

雖說網球源起於十四世紀的法國，但是最早的草地網球（其形式最接近於今日的網球）則是源於維多利亞時期的英國，因此英國在網球歷史上占了相當重要的地位。同時，英國的溫布頓網球錦標賽（Wimbledon）也是網球四大公開賽中，歷史最優久的比賽。

Fred Perry品牌的創始人Fred Perry先生本身即是位知名的英國網球選手，叱吒於1930年代，曾經贏得三次溫布頓冠軍頭銜，也是第一位拿下四大公開賽單打冠軍的球員，自從Fred Perry於1936年贏得溫布頓後，至今還沒有一位英國人能再度拿下溫布頓冠軍，可以想見Fred Perry在英國人心目中的英雄地位。

桂冠的榮耀

Fred Perry的月桂冠商標是眾所皆知的，不過你大概不知道本身抽煙斗的Fred Perry先生一開始屬意用「煙斗」作為商標，還好當時他的合夥人前奧地利足球員Tibby Wegner先生舉出「女生大概不會喜歡」的理由，打消了Fred Perry的念頭。

在眾人提出許多點子後，Tibby Weger先生想到以月桂冠作為標誌。因為Fred Perry自從在1934年贏得歷史悠久的溫布敦網球比賽後，他總是自豪的隨身帶著冠軍月桂冠。同時，月桂冠不僅具有歷史性的象徵，也結合了Fred在溫布敦的英雄戰績，是一個經典時代

的榮耀。既然此品牌以運動休閒服飾為主，運用運動員最高榮耀——月桂冠，作為此品牌的商標可說是再適合不過了！自此之後，「月桂冠」成為這個品牌永恆的象徵，這樣的意含大概是煙斗所比不上的吧！

若說Burberry、Pringle這些老品牌是英國服飾中的貴族代表，Fred Perry就是英國服飾中的平民代表，不管在設計風格與價位上皆是如此；它在事業初期之時，免費提供印有Fred Perry的護腕，給知名球員在比賽中使用，讓Fred Perry的運動服飾事業就此起飛。

除了生產護腕外，他們也開始生產運動休閒衫，再次與溫布敦運動員巧妙結合的行銷策略，讓大眾逐漸熟知Fred Perry。積極的曝光，加上本身適合運動穿著的布料品質，使Fred Perry的運動休閒衫銷售量一路長紅。它不單單是Fred Perry最具代表性的商品，從1952年開始生產至今，此項商品仍然在英國本地製造，生產方式及使用布料皆與當年相同。Fred Perry本人曾驕傲的描述自家生產的休閒衫說：「這是一件適合大眾的衣服（The one that fits for millions of people.）」。

首次跨入運動休閒與街頭領域

隨著60年代英國Mod運動興起，Fred Perry的運動休閒衫很快受到Mod族的注目，加上休閒衫不易起

皺的材質也適合Mod族的夜晚活動，即使經過整晚狂歡之後，隔日早晨依舊整齊如新，許多音樂界紅人如：The Who樂隊及Paul Weller等，都是Fred Perry的擁護者，在曼徹斯特甚至還有一群人自稱為Perry Boys。

由於Fred Perry逐漸受到街頭服飾愛用者的青睞，為了因應消費者的需求，Fred Perry在運動休閒衫上做了些許改變，分別在衣領與袖口兩處增加兩道線條作為細節的裝飾，此舉大受歡迎，在英國年輕人次文化與運動休閒品牌間建立起良好的關係，令Fred Perry成為第一個由運動服飾跨足街頭服飾的品牌。

老字號的Fred Perry近年來極力為品牌注入新血，先後和日本的川久保玲與英國年輕設計師合作，激盪出新舊融合的火花。COMME des GARCONS系列融合了Fred Perry的傳統英式網球風格搭配川久保玲的代表色系，維持乾淨極簡的調式。與英國年輕設計師Vinti Andrews合作的系列稱為「Blank Canvas」，她用插畫和印染技術為Fred Perry的傳統運動衫增添獨特個性。

我自己也是Fred Perry的愛好者，因為它的衣服很適合學生平時上課的裝扮。運動時可以穿著Fred Perry的運動衫，需要略微正式打扮的時候，就套上Fred Perry的英國風線衫或毛衣，裡面再搭件襯衫或配條裙子，馬上為自己添增一股書卷氣。

目前台灣沒有進口Fred Perry的衣服，坊間也有許多仿冒品。對於自己胸前的真桂冠，不僅滿足了我小小的虛榮感，心底還暗暗高興自己不是因為有錢才買的起，而是在Fred Perry Outlet以£5、£10的價格買來的，這大概比仿冒品的價格還便宜吧！

What is Mod？

Mod為英國俚語，通常被翻譯為「摩登族」或是「摩登風格」，是60年代年輕人專有的另類次文化，最初緣自美國的阿飛風格（Blades），這股風潮後來傳到英國去。這群自稱摩登族的年輕男士外表大多乾淨清瘦，喜以服飾和音樂來定義自己的生活風格，注重外表打扮、有獨特的髮型服飾喜好、穿著窄版的西裝、休閒時在酒吧、舞廳玩樂，生活態度向前看。英國樂團披頭四即是Mod族的代表之一。

為了 Marks & Spencer，
立志當律師

我的英國好友Sarah目前在大學裡主修法律，回想三年前初識她的第一天，她還是個剛來大學報到的新鮮人。當時我問她為什麼要唸法律系？Sarah回答我當律師可以賺很多錢，就可以買的起Marks & Spencer的衣服、吃的起Marks & Spencer的食物。她為了擁有Marks & Spencer品質的生活，決定當律師。才剛抵達英國幾天的我，根本沒聽過Marks & Spencer，根據Sarah的描述，那不過就是一間綜合超市罷了！想不到居然成為一位小女孩

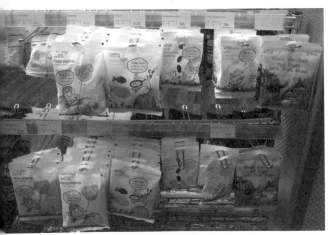

立志成為律師的驅力。

　　Marks & Spencer其實是
一間販賣自有品牌食品、服飾和
生活用品的綜合百貨，甫於2004
年慶祝它120歲的生日。從1884
年位於里茲市場的小攤位開始，
到如今在英國本地超過400間店
面及其他的海外分店，Marks &
Spencer是個真正深入英國人生
活的「名牌」。在台灣人人皆知
的英國名牌Burberry，許多英國

人卻沒有聽過；但說到Marks & Spencer，英國人對它的品質可是讚不絕口，就如同我們看待Burberry的態度一般。幾乎所有英國城市的購物區都可以看到Marks & Spencer的蹤跡，在許多車站裡，也有專門提供旅人輕食的簡便食物。

品牌背後的尊重與講究

1. 公平互惠的交易原則：Marks & Spencer許多產品原料均生產自開發中國家；它在兩者間建立公平互惠的管道，不剝削生產者的利益，保障他們的權利。在歐洲消費者的眼中，廠商與開發中國家生產者的公平交易是非常重要的，這些公平交易的產品，都會印上Fair-trade的標籤。

2. 魚類的品質維持：當台灣還在討論如何建立魚類檢定標準，以防止民眾買到受污染的魚類時，Marks & Spencer就已向消費者保證店中販賣的魚貨來源無受污染，並在運送過程中維持最佳品質。

3. 非基因改造食品：Marks & Spencer保證店中販賣的食品包含：蔬菜、水果、甚至是現成食物中所使用的材料，都是非基因改造食品。

4. 布料耐洗性：Marks & Spencer服飾中使用的布料皆易於保養照顧，85%的衣服皆可機洗，洗後還能維持嶄新的狀態。

以家庭為訴求的Marks & Spencer有推出適合男女老少的服飾。以流行的角度看來，它的設計較為樸素，以實用為主。如果你想找基本款式的衣服，這裡是很好的選擇。值得一提的是它們的內衣系列，Marks & Spencer的內衣部門提供相當完善的服務，設有專人諮詢尺寸、款式等服務，據我的英國朋友描述，幾乎所有英國人的內衣都是在Marks & Spencer購買。

至於Marks & Spencer食品方面，各式各樣的三明治是它們最知名的食品，雖然價格較其他超市貴一點，不過口感上的確不賴。另外，Marks & Spencer的現成食物也相當受觀迎，買回家後微波加熱就可以食用了！

這就是Marks & Spencer對品牌的堅持，難怪它能得到英國人的尊重與信任。在英國待久了，漸漸了解到它在英國人心目中的地位，來到英國若不嚐嚐英國人的名牌食物，那就太可惜囉！

線條藝術師 Paul Smith

英國的設計師不只是玩格紋出名，靠著線條一樣也可以一躍成名；一向以多變化條紋襯衫出名的Paul Smith就是其中的代表人物。男裝起家的Paul Smith徹底打破西裝、襯衫給人呆板、嚴肅的形象，運用彩條、布花為男裝市場注入新的活力，展現優雅與摩登兼具的雅痞風格。誰說正式服裝一定是白襯衫、黑西裝呢？

Paul Smith年輕時大概從沒有想過要自己會成為一位服裝設計師吧！當時16歲的Paul Smith對未來並無生涯規劃，他在父親的介紹下到家鄉附近一家成衣廠打雜。然而，他真正的興趣是運動，他希望成為一位職業自行車選手，直到17歲時發生嚴重車禍後，才打消他的自行車夢想。

因車禍住院這6個月期間，Paul Smith結交了一些新朋友。出院後，他常常和這些朋友到藝術學院學生常去的

酒吧碰面，談論藝術、時尚、音樂……開啓他另一個色彩鮮豔的精采世界。短短兩年內，Paul Smith在女朋友Pauline Denyer（亦是他現任妻子）的鼓勵下，在家鄉的Nottingham開設一間小小的精品店，同時利用晚上的時間進修裁縫課程。不到六年的時間，Paul Smith已經在巴黎發表了以自己為名的男裝系列。

今日的Paul Smith是英國頂尖設計師之一，他擁有預測領導流行的能力，他的設計融合他對傳統和經典的熱愛及童趣般的幽默，這些纖細的質感皆展現在他的作品中。目前旗下共有12個不同的系列，男裝、女裝、牛仔、飾品、鞋子、手錶、家具等等，甚至還有日本獨家的專門系列。我自己最喜歡女裝中的Paul Smith Pink系列，這個系列用色青春，適合平日休閒的穿著打扮，偏向年輕化設計。

Paul Smith的價位雖然不便宜，但主要都在英國及義大利生產，使用的布料也大多來自於英國、義大利、法國等地；相較於市面上許多Made In China的商品，高品質的產品是Paul Smith的一

向堅持。另外，在Paul Smith的西裝上，總是特別的留下手縫線。一般在製作西裝時，都會利用手縫線做為版型的修正與調整，版型確定後會將手縫線拆除，唯獨Paul Smith的西裝留下這些手縫線，進而成為特色之一。

近年來，Paul Smith的設計不但有代表性的彩條，還出現花藤、壁紙圖案的襯衫；花樣繁複的襯衫與粗線條的領帶搭配起來，有著恰到好處的平衡，令人不得不佩服Paul Smith的功力。

當然，設計辨識度高的Paul Smith也踏向其他領域。2005年七月起，Paul Smith與英國Triumph機車公司進行兩年的品牌合作計畫。不但著手設計彩繪機車外觀，並以一貫的多色架構呈現外；Paul Smith也將60年代Triumph的文字樣式印在男女服飾設計，或是將彩繪的Triumph機車圖案印在包包配件上，引爆新的話題。

目前，Paul Smith在英國本地有14家店面，外銷35個國家，在全球主要都市裡，都看得到Paul Smith的蹤跡。位於倫敦Floral Street上有一整排Paul Smith店面，每間皆販售不同系列。

鍾愛手工印度織綿
的美麗德國女孩

Nicole是我在飛機上遇到的德國
女生，她才自英國住了六個月，準備搭
飛機回德國探望家人。深邃的五官加上
褐色的長髮的她，說起話來表情豐富，
同是異鄉人的我們，開始聊起自己喜歡
的英國東西，比較雙方對食物的看法。
我問她：「你最喜歡英國哪個服飾品
牌？」Nicole興奮的回答：「當然是
Monsoon，他們的衣服好漂亮喔！我
沒事的時候就去逛Monsoon，沒錢買
純欣賞也好。」接著她開始抱怨為什麼
德國沒有Monsoon？這麼美麗的衣服，
為什麼沒有來德國呢？所以她買了幾件

Monsoon的衣服回德國要送給媽媽、姊
姊。

Monsoon的服飾確實相當吸引
人，雖說以民族風格為主，卻有辦法
表現出女人的高雅氣質；它主要販賣女
性服飾，包含一般日常服飾與晚宴裝；
還有為小女孩打造的Monsoon girl系
列、Monsoon home系列、Monsoon
baby系列。

Monsoon於1973年由Peter Simon
創立，初期在Notting Hill的Portobello
Road販賣毛料大衣，以及來自印度拉
賈斯坦的手工印製T恤。Peter Simon

原先的理念是販賣民族特色商品，沒想到這民族風服飾受到大眾熱烈的歡迎，第一家店面在1973年5月倫敦的Knightsbridge開幕。

隨著Monsoon的成長，它的配件系列以「Accessorize」這個品牌獨立出來；Monsoon home系列也在1999年於倫敦Kings Road開幕；2001年推出Monsoon Baby系列；2003年的Monsoon進攻男性市場，推出了Monsoon Boy與Monsoon Men。Monsoon以倫敦為出發點，向英國及世界各地擴展版圖，今日已超過388間商店，分布在英國及其他24個國家中。

Monsoon的商品一向具有高辨識度，布料、顏色、技術無一不展現自身的特色，早先Peter Simon帶來的遠東民族風格仍影響著今日的Monsoon；即使Monsoon現在已自行設計服飾，仍運用來自印度等遠東地區的民族元素，諸如柔美的印度絲綢縫上亮片串珠，或者使用印度常見的棉麻布做為基底，繡上傳統圖騰等……秀出民族風味的手工質感，獨特融合民族元素與現代的剪裁，勾勒出女性的魅力，創造獨一無二的Monsoon風格。

Monsoon服飾中的晚宴服系列可以稍加留意；每季皆推出多款晚宴服飾，有：小禮服、兩件式禮服、齊地長禮服等。在台灣專門設計禮服的品牌並不多，如果想要與眾不同，可以試試Monsoon的禮服。另外，Monsoon也有許多單品，如：蓬鬆的小羊毛披肩、鑲著水鑽的黑色緞面上衣，這些單品都可以買回家自行搭配。一般服飾方面，Monsoon的毛衣也相當出名，觸感柔軟的純羊毛或安哥拉羊毛的材質，適合寒冷的冬天；春夏服飾也以珠珠、繡花等元素裝飾；一如Monsoon的高貴民族風，展現出獨特的個性，卻又不失女人味。家飾系列同樣使用Monsoon的經典布料、顏色、技術以維持Monsoon風格，整個系列商品在世界不同的國家製造生產，包含：寢飾、窗簾、浴室用品、玻璃陶製器皿及其他居家裝飾品。

打開Accessorize
珠寶盒

Accessorize是由Monsoon獨立出來的配件品牌，Monsoon原先於80年代初期在店裡販賣飾品，想不到大受女孩們歡迎，因而將飾品分離出來，成立「Accessorize」這個品牌。Accessorize的英文原意是「配件」，顧名思義，這間店販售各類配件、髮飾、耳環、項鍊、手環、錢包、提包、雨傘、帽子、皮帶、絲巾、圍巾、手套等等。

Accessorize的第一家分店開在倫敦的Covent Garden，短短20年間，Accessorize已經在英國本地及其他國家開了100多家分店。如此驚人的成長，可看出Accessorize受歡迎的程度。

路過Accessorize店面時，很難讓人不駐足欣賞。整間商店就如同珠寶盒般，擺滿了各式各樣的美麗飾品；賣場中依色系

分區，藍靛紫的冷色調、洋紅粉橘的暖色調、秋天的黃褐色系、春天的粉嫩花色等，想要為任何一套服裝搭配飾品，來這裡就對了！

　　Accessorize的商品如同Monsoon一樣，帶著強烈的民族風，不僅大量利用珠珠、亮片、繡花、羽毛等素材，自然的棉麻布料或是輕柔的絲絨也是運用的材料之一。Accessorize的設計風格多變，以大眾化平價路線經營，一點也不會造成荷包的負擔。想要男朋友跟自己一樣重視配件的細節搭配嗎？Accessorize近年也推出男性專屬的For Men系列。你的寵物需要美美的出門嗎？Accessorize也打點好貓咪、小狗專用的頸圈、鍊子。

　　如果你喜歡精緻度高的配件，Accessorize的Boutique Accessorize系列一定會受到你的青睞。這個系列的優質商品不只經過特別設計，還包含繡花的皮包、皮夾，半寶石加上獨特金屬鍊組合而成的絕美飾品。

　　購買Accessorize最划算的時候是換季出清，初期以7折或5折的價格出現，

過幾週後有些商品會下降到3折，最便宜的情況是以£1、£2的單一價格賣出；想想看，換算成台幣才60元或是120元的耳環手飾，可是比台灣的地攤貨還便宜，怎能不令人心動呢？

由內
到外
的粉嫩
Oasis

Oasis這個品牌由Michael和Maurice Bennett創立於1991年，客群大多鎖定在二十～三十歲的年輕女性；充分利用繽紛的粉嫩色彩及浪漫的剪裁，展現濃濃的女人味風格。Oasis擁有自己專屬的設計團隊到世界各地找尋時尚靈感，激發出源源不絕的創造力，不停的為消費者推出新穎獨特的服飾設計。

除了既有的路線外，近幾年的Oasis根據不同的需求推陳出新，如：創新復古的New Vintage系列將近年來的復古風潮帶入新的境界，其設計概念來自跳蚤市場的復古服飾，經過重新設計剪裁後，調整出適合新世紀消費者的品味風格。Odille系列則是針對要求從頭到腳、由內而外絕對完美的女性，所設計的系列；提供性感誘人的內在美、睡衣等居家服飾。

Oasis除了服飾迷人外，活潑的櫥窗設計，精緻又充滿樂趣的店內陳設，絕對讓前來購物的女性備受寵愛之感

百年製茶大師

　　Whittard是一間專賣咖啡、茶及其周邊商品的連鎖店，在英國各主要城市裡皆有分店。Whittard起源於Walter Whittard先生於1886年創立的進口茶葉公司。當時，Whittard先生冒險進口了一批名為「帝國」的印度上等茶葉，開啓他的事業版圖。經營了幾年的茶葉生意後，Whittard先生更近一步將事業觸角延伸到咖啡上，開始引進南美和印尼等其他國家的咖啡，由於Walter Whittard 精明準確的生意眼光，不僅從印度與中國進口茶葉，更開發出錫蘭與肯亞等新區域。

　　Whittard先後於1901年與1904年在倫敦開設兩家

分店，由於地點鄰近許多飯店與咖啡廳，地處優勢，順勢帶來大量的批發商機；零售業方面也有忠實的顧客持續光顧， Whittard逐漸在市場上建立起優良的聲譽。

1940年時，Whittard因為原本的店面遭祝融肆虐，轉而搬遷到倫敦的Chelsea，隨即由Walter Whittard的兩位兒子接手生意，並不斷開發新的產品。1976年，Giles Hilton 加入Whittard 的經營團隊，他對原料來源、品質與口感的堅持，維持了Whittard的傳統精神。直到今日，Whittard店中的咖啡與茶仍直接向產地購買，這也是消費者能在Whittard店中用合理價格買到高品質產品的緣由。

來到Whittard商店，除了有各式各樣不同口味的茶葉與咖啡之外，我相當建議品嘗他們的即溶茶（Instant Tea）。這項Whittard自行研發的即溶茶沖泡非常方便，冷、熱飲皆可，還提供多種不同的口味，如：椰子酒鳳梨口味、土耳其蘋果口味等，2006年也新推出了四款不同口味的調味綠茶，相當值得一試。

Whittard除了出售茶與咖啡外，還販賣茶具；茶具上的圖案不僅每季推陳出新，也會根據節日設計圖案。另外，在倫敦的Whittard也容易看到以英國為主題的茶具，如：紅色電話亭、懷舊地雙層老巴士，或者帶著高帽子的衛兵等等。

SALE

燈，什麼時候亮呢？

不知何時看過一張
Harrods百貨公司夜晚點燈的照片
後，我便期待有一天能到英國看
看Harrods的夜景。2004年的夏天，我來到倫
敦，來到Harrods。可是英國的夏天，天色暗的
晚，眼看著距離8點打烊的時間越來越近，我的
Harrods夜景要何時才會登場呢？

終於，我鼓起勇氣，走向門房爺爺問他：
「燈，什麼時候才會亮呢？」心想總有個時間
表吧！門房爺爺慈祥的看著我，操著英國腔回
答：「甜心，天一黑，燈就亮了啊！」他用包容

口氣回答我這個討糖吃的小孩。

可是，天就是不暗！

期待許久的夜景，在夏季時分要晚上9點左右才看得到，冬天則是4～5點天就暗了。Harrods豪華的字形樣貌在建築物正上方，還用了1萬2千盞小燈描繪著整個建築物線條，即使是黑夜也看得一清二楚。

Harrods是一間標榜「以客為尊」的百貨公司，其座右銘為「Everything for everybody everywhere.」。據說，英國的劇作家Noël Coward在聖誕節時分來到寵物部門買了一隻短吻鱷，美國前總統雷根為他那隻遠從Harrods來的小象取名Gertie……從販賣全世界第一台電視、快艇、飛機，到房屋建築、救護車服務、甚至喪禮服務，隨著時代的進步，Harrods永遠提供最新、最好的服務。

Harrods的歷史可以追溯到1834年時，老Harrod先生在倫敦東區經營批發雜貨開始，到了1849年，老Harrod先生將商店遷移到海德公園旁的新區域——Knightsbridge，也是目前 Harrods 百貨公司的所在地。1861年老Harrod退休，小Harrod積極開發新業務，賣起香水、藥品、文具、蔬菜水果等等，到了在1880年時，Harrods從原先只有三位雇員的小店，擴展為一家擁有百人規模的公司。

不幸的是，1883年12月發生的那場大火將老店付之一炬。儘管剛經歷大火的摧殘，Harrods仍準時交付當年的聖誕節訂單，甚至還創下該店最高營業額。這個危機反而建立起Harrods的商業信用，華麗磅礴的建築物也迅速成為倫敦的新地標。

大火過後的Harrods不斷向前邁進，1989年公開發行股票，成為上市公司。繁盛的1890年代時節，Harrods企業又增加了銀行與房地產仲介的業務。為了疏散百貨公司裡顧客的動線，Harrods還建

THE HARRODS SALE

Wednesday 28th December 2005 to Saturday 28th January 2006

Wednesday 28th December	9am to 5pm
Thursday 29th to Friday 30th December	10am to 8pm
Saturday 31st December	9am to 6pm
Sunday 1st January	12 noon to 6pm
Monday 2nd January	9am to 8pm
Tuesday 3rd to Friday 6th January	10am to 8pm
Saturday 7th January	10am to 8pm
Sunday 8th January	12 noon to 6pm

Monday 9th to Friday 27th January

Monday to Friday 10am to 7pm, Saturday 10am to 8pm, Sunday 12 noon to 6pm

LAST DAY Saturday 28th January 10am to 8pm

PARCEL COLLECTION

The Parcel Collection Point will be relocated to Trevor Square opposite the store on:
- Wednesday 28th December to Monday 2nd January inclusive
- Weekends during the Sale

Normal Parcel Collection will resume at Door 3 on Ground from Monday 30th January 2006

BROMPTON ROAD

THE HARRODS
28TH DECEMBER 2005 TO 28TH JANUARY

STORE GUIDE

020 7730 1234 harrods.com

Harrods

Harrods, 1901

A more rewarding
world awaits...

造了全世界第一座電扶梯，成為世界上最豪華的
百貨公司之一。

　　即使身處在滿街老式建築的倫敦，Harrods
有如宮殿般的建築仍然受到矚目，目前所看到
的建築是由建築師C.W. Stephens於1901年設
計建造，建築物的正面包覆著紅磚，外面以方
柱、螺旋雕飾的新藝術窗戶裝飾，屋頂設計採
用巴洛克式圓頂，內部裝潢使用Royal Doulton
瓷磚。偉大的作家Arnold Bennett所寫的著名
小說《Hugo》，就是以Harrods百貨作為故事
背景。Harrods經歷兩次易主，目前由埃及裔
的法耶德家族擁有，法耶德接手後，Harrods
的內部多了分埃及風情，從建築中央埃及廳

（Egyptian Hall）的手扶梯一路朝上，
埃及的天空立即呈現眼前。

今日的Harrods佔地4.5英畝，宛
如一座小型城市，大部分的電力仰賴自
己的發電設備。來到這座城市消費時，
他們絕對提供你最好的服務。不過在這
座城市裡，相當容易迷路，請記得在路
口處索取樓層簡介，仔細研讀後再踏入
Harrods城市。

Harrods包含地下一層，地上六
層，共七個樓層；各個樓層的簡介不再
詳述，不過以雜貨起家的Harrods，一
樓的食品部門自然是他們的重點樓層之

一，相當值得一逛。二樓以餐具、廚房
用品及小家飾品為主，後頭是曾經賣出
大象、鱷魚的寵物部門。如果對Harrods
的自有品牌感興趣，可以在地下一樓
的Harrods Shop或者一樓的Harrods
Arcade找到。

特別一提的是，在Harrods的地下
一樓可以看到一個銀製的Harrods複製
品，這是來自倫敦另一家知名百貨公司
Selfridges的禮物。1927年時，Harrods
與Selfridges這兩家百貨公司訂下一個
競賽——當年誰盈利高者就是贏家，
Selfridges輸了，因此獻上這個禮物。

自己也有 Be a Bag

　　來自英國，以手提包起家的年輕設計師Anya Hindmarch，自義大利學成歸國後就自行創業。由於她所設計的第一款包包散發著獨特的年輕朝氣，不僅大為暢銷，也為她開啟了良好的事業版圖基礎。Anya Hindmarch 的第一家店在倫敦的Walton Street開幕，經過短短12年的時間，她已經在全世界開設30家分店。由皮包設計起家的她，目前發展成生產衣服、鞋子、小型皮件的全方位品牌，皮件上常見到A和H的蝴蝶結是品牌的標誌，Anya Hindmarch本人更有「蝴蝶夫人」之稱。

　　「Be a Bag」是目前Anya Hindmarch最廣為人知的皮包系列，客人可以將自己喜歡的相片印在皮革上成為提包；每季也固定推出幾款現成的「Be a Bag」，像：粉紅小豬、可愛貓狗、復古照片等，為皮件添增一些幽默逗趣。

　　其實Anya Hindmarch在2001年推出這個「Be a Bag」系列的用意是為了一場為期三個月的慈善募款活動，超過100張由明星、藝術家甚至名記者等人，提供私人風格圖案或是個人珍藏照片，經由轉印的方式，印到Anya

Hindmarch的皮包上。想不到「Be a Bag」系列成功的為12個不同的慈善團體籌募到大筆款項，同時將品牌推向另一個高峰。

日前，台灣名模林志玲也將自己小時候的相片製成自己的Be a Bag，但這並非名人的專利；每家Anya Hindmarch分店都提供訂製專屬Be a Bag的服務，只要付出等待時間與金錢，你也能成為提包。Anya Hindmarch曾說過：「I think Fashion should never be taken too seriously and should always make you smile. （我想時尚

不應該被看得太嚴肅，而應該使人微笑。）」Be a Bag的精神正是具有這種使人微笑的魅力吧！

同時，Anya Hindmarch也與英亞航（British Airways）合作，為英亞航的頭等艙旅客設計盥洗包；前前後後推出限量的盥洗包有：土耳其士兵、水上運輸機、倫敦鐵橋、露珠綠草等款式，這些經由特別設計的盥洗包即使是專賣店也買不到，只提供給英亞航的頭等艙旅客，相當特別。

KANGOL並不是一個英文單字！

第一次看到KANGOL這個品牌和它的商標「袋鼠」時，大部份的人會自然將這兩者聯想在一起，畢竟袋鼠的英文是kangaroo，跟KANGOL發音有點類似，再聯想下去，也許會以為這個牌子大概是從澳洲來的，如果你也是這樣想的，那就錯了！

KANGOL是個來自英國的品牌，而KANGOL這幾個字據說是它的創始人Jacques Henry Sergene擷取：K（Knitting，或是Knitted）、ANG（angora，安哥拉羊毛之意）、OL（wool，羊毛之意），這五個字母的組合。因此，KANGOL的原創精神即是：「以最好的羊毛編織最出色的帽子。」

由於Jacques本身與法國相關的背景，Jacques起初自法國進口貝雷帽（beret），直至1938年才正式使用KANGOL這個品牌，並自行生產貝雷帽。KANGOL成立後第二年碰上二次世界大戰，KANGOL轉向生產軍帽與丹寧布（denim）的衣服，可惜銷售不甚理想，起步可說相當不順利。

隨著二次世界大戰進入末期，貝雷帽因為英國的陸軍元帥蒙哥馬利的佩

KANGOL這個品牌
名稱是怎麼來的呢？

戴，因而大紅大紫。Jacques緊接著重新包裝行銷手法，將貝雷帽提供給英國的奧運代表隊，再次將KANGOL推向另一高峰。蒙哥馬利將軍不是唯一欣賞KANGOL帽子的名人，60年代的披頭四也曾指定KANKOL為配件廠商，今日的山繆傑克森、裘德洛、藍調之王B.B.King等，甚至黛安娜王妃都曾戴著KANGOL的帽子亮相。

除了貝雷帽外，KANGOL也接續開發多款帽型，像：504、506等等，其中風行至今最為經典的504 是在1954年發行的帽型榮獲眾多名人的愛戴，在504創立50週年時，KANGOL將品牌的三個重要歷程數字：1938、1983、504化成「38、83、04」時尚密碼，代表KANGOL「原創、經典、傳奇」的精神。

目前，KANGOL以英國國旗的紅、白、藍三色，將旗下商品分為三個系列，呈現不同的時尚風情：白標走頂級路線，與多面向的設計師合作，一頂帽子大約£120；紅標走精緻路線，價位稍低一些，藍標不但有帽子，還有其他配件，如：包包、鞋子、眼鏡、手錶等，甚至還有服飾，讓你全身都很KANGOL！

KANGOL目前在英國沒有專賣店，除了倫敦的Harrods百貨和Selfridges 百貨可以找到它之外，我自己最常在TKMaxx（詳見第二章買家天堂）尋找KANGOL的商品。TKMaxx所販賣的過季商品比KANGOL自己開設的outlet還便宜。在TKMaxx中，一頂帽子大約£8左右，若是放到出清區時，就以£5.99、£3.99、£1.99的價格一路打折下來。我曾以£1.99的價格買到一頂織滿KANGOL袋鼠的鐘型帽。TKMaxx不只販賣KANGOL的帽子，還有KANGOL的衣服，價格同樣也不高，如果不介意過季品的話，TKMaxx倒是選購KANGOL的好去處。

一個包，一個故事

　　欣賞Lulu Guinness的皮包設計，是一種特別的享受，每一款Lulu Guinness包似乎都述說著不同的故事；喜歡時尚的故事、喜歡購物的故事……屬於我們自己的故事。

　　Lulu Guinness是英國頂尖的配件設計師之一，她以自己的名字為品牌，發表充滿創意的提包及其他配件；她巧妙結合女性風情與童趣想像的設計，被許多時尚迷列為今生必備的夢幻逸品。

　　有一款名叫「Too Many Shoes（太多鞋）」的包包上面繡著多雙不同款式的鞋子，有：尖頭高跟鞋、楔型跟鞋、羅馬涼鞋、維多利亞式高跟鞋；包包中間寫著這麼一行話：「You can never have too many.（你永遠無法擁有太多。）」喔！這不就是在說我嗎？買再多的鞋子也不嫌多。

Lulu Guinnes

另一款繡著手拿鏡與鮮紅色口紅的包包上面寫著「Be a glamour girl, put on your lipstick.（抹上妳的口紅，做一位迷人的女生。）」；鮮紅色的口紅是Lulu Guinness包常見的主題，因為口紅是Lulu自己從不離身的必備品，她的包包好像也對我們說著：「妳們的口紅呢？不要忘記這個成為時尚女孩的必備元素！」

儘管Lulu的皮包設計在時尚界大放異彩，但她本身並沒有接受過正規的設計訓練，只在藝術學校上了短短一年的基礎課程而已，今日的成功靠著她對時尚的堅持，與多年不變的熱情。1989年時，Lulu辭掉原本的媒體業工作，開始在自家的地下室經營起自己的小事業。事業初期並非一帆風順，她因為找不到適合的皮包感到挫敗，因而興起自行設計的念頭。

Lulu自行設計的第一款包包是用來攜帶文件的公事包，此款公事包無意中被Joseph Ettedgui（倫敦時尚界的重要人物，早期為服飾的零售業者後來轉型成服裝設計師）瞧見，他隨即要求Lulu為他的精品店設計一系列的皮包，接著Liberty和 Harvey Nichols百貨也開始販賣Lulu設計的皮包，Lulu Guinness提包就此登上時尚舞台。

Lulu設計提包的基本靈感及概念來自50年代的迷人風華；帶點誇張，卻恰到好處的表現出雅緻、精美的味道，精確的捕捉到昔日時尚的精髓。Lulu所有的提包皆使用上好的布料製作，並維持最高品質的英國手工處理，因此價位並不便宜，但這樣的精緻獨特性與原創設計魅力，讓所有的女性都渴望擁有一只Lulu Guinness包。

在今日世界知名的高檔百貨公司裡，經常可以看到Lulu Guinness包的蹤跡。她在英國擁有兩家專賣店，美國及日本也有分店。位於倫敦Ellis Street這間店面是Lulu於1999年開幕的第一家專門店，店內的裝潢強烈散發出Lulu特有的時尚女郎風格，一踏入店內，你就會發現自己被裝飾著花朵、刺繡的細緻提包圍繞著。

Lulu設計的提包還受到許多名人的愛戴，像伊莉莎白‧赫莉、瑪丹娜等人都曾提著Lulu Guinness包亮相；不只如此，Lulu兩款具代表性的提包：Florist Basket和Violet Hanging Basket已被收入倫敦的Victoria and Albert博物館，成為永久的收藏品。這表示Lulu的設計已成為當代時尚的經典。

寵物、花卉、街角的糖果店、麵包店、甚至連自己的店面都可以成為包包的主題，每一款設計都是一個時尚女郎的生活故事，你準備好創造自己的生活故事了嗎？

我只要
Pepe Jeans

　　說起英國的牛仔褲品牌代表，非Pepe
Jeans莫屬。由於台灣早先並未引進，對於想要
擁有Pepe Jeans的粉絲們而言，都得遠渡重洋
到英國本地購買。從2005年開始，台灣開始代理
Pepe Jeans並在百貨公司設櫃。Pepe Jeans雖
說以牛仔褲聞名，但這個品牌不只設計牛仔褲，
還包含其他休閒服飾如：T恤、夾克、棉質裙、
配件等。

　　Pepe Jeans於1973年發跡於倫敦西區，原
先是Portobello街上的一間市場小攤位，創立者

Nitin Shah先生專門為客人量身打造牛仔服飾。由於他所設計的牛仔服飾不但版型佳也極富創意,二年後,他與兩位兄弟合作經營第一家為客人訂做牛仔服飾的專賣店,引領了80年代英國牛仔的潮流,並在不久後創立Pepe公司。Pepe之所以叫Pepe是因為這兩個短短的音節在簽支票時相當快速,不會浪費時間,同時俏皮好記。

Pepe Jeans的成功不單單是擁有受歡迎的產品,品牌代言人也是相當重要的一環。在史密斯合唱團尚未成名前,Pepe Jeans就在自己的廣告中使用他們的音樂;Pepe Jeans也是第一個邀請凱特摩絲擔任產品代言人的商業品牌。

足球員跨足時尚圈不是什麼新聞,貝克漢可說是其中的代表人物。2005年,Pepe Jeans更邀請到名足球員羅納度為Pepe Jeans的男裝代言,為羅納度塑造出性感叛逆的形象。不管是貝克

漢的金髮帥哥路線，或是瑞典足球員永貝里在CK內衣廣告中的奶油小生形象，羅納度的小小叛逆風格倒是體育時尚界的頭一遭。

2006年最新的代言人是英國女星席安娜米勒（Sienna Miller），席安娜散發出的英國新女性風姿，正是她被選中的原因。從Pepe Jeans創立至今33年來，正好是再度塑造英國牛仔品牌歷史形象的好時機，席安娜的背景也呼應了這個觀點。

頂級奢華的**73**牛仔褲

　　Pepe Jeans最具代表性的頂級牛仔系列稱為「73」系列，73這兩個數字來自Pepe Jeans創立的年份，每季的73系列商品都是根據當時的流行趨勢，使用最新的元素所設計出的。73系列非常強調細部處理，像：口袋的款式位置、洗刷的顏色等等，無一不講究，堪稱是牛仔製品的完美呈現；想知道每季最流行的牛仔款式，看當季的73系列準沒錯。

　　既然以時尚趨勢為訴求，73系列每季皆新鮮推出過季不再有的限量款式，只有少數大受歡迎的火紅73款式會在過幾季後，出現在一般牛仔系列中；因此73系列絕對是最具價值的牛仔褲。不過高品質、高價值的背後，也要付出相對的高單價囉！

73系列辨識

1. 搪瓷琺瑯扣　所有的73牛仔褲在腰前必定有一到兩顆的橘色搪瓷琺瑯扣，扣子上刻有Pepe Jeans的商標。

2. 紅色的Pepe Jeans字樣　在73牛仔褲的褲頭內側印有紅色的Pepe Jeans字樣。

3. 73皮標　73牛仔褲背面皆縫有Pepe Jeans London 73的皮製標誌。

SINA 英倫龐克大口袋七分褲
　　大膽的在後口袋邊緣處車縫黃色
皮革，塑造出酷炫、粗獷的牛仔風格；
而窄管收口的版型，能夠加以修飾腿部
線條。穿上SINA，絕對讓美眉們在性感
中，又能散發一股自我的龐克風格。

Pepe Jeans
LONDON

SHOTGUN 叛逆龐克寬垮褲
　　　寬大的雙口袋特殊造型，顛覆傳統
的口袋設計概念，加上73系列獨有的火焰
造型車線，搭配精緻的手工磨破處理；讓
這件原本經過反覆浸泡染色處理的深靛藍
色丹寧布，增添了一股率性、叛逆的自我
風格。

RADLEY

Radley最可愛

認識Radley其實是個意外！我在前一陣子迷上另一個來自台灣的真皮皮包品牌「PSN」後，開始努力收集真皮皮包的資料。由於PSN天馬行空的設計，加上用色的大膽，將真皮皮包帶入另一個充滿想像的境界。看了台灣的PSN後，我開始好奇是否還有其他的創意皮件品牌也運用此一方式，特別是在我熟悉的英國；Radley就是這樣被發現的！

Radley是一個新興的英國皮件品牌，2002年時推出第一季的作品，它的皮件皆使用柔軟細緻且色彩豐富的小牛皮製成，利用多

色皮革、拼貼手法，讓高雅的皮件顯得生動活潑，跳脫一般真皮帶給人厚重沉穩的感覺。每款皮件上都可以看到一隻黑色的雪納瑞，事實上，牠的名字就叫Radley。

Radley最具代表性的系列是「Radley Experience」，此一系列的設計師到世界各處旅行尋找靈感，想像可愛的狗狗Radley在各地探險，並將這些想像化為圖畫，以拼貼的方式縫製在皮包上。

2006春夏新款Home Sweet Home是Radley Experience系列第十季的設計。以粉嫩的牛皮為畫布，Radley圍著小圍巾坐在地上用餐，高高的餐桌上放著茶具，後面的窗戶前插了盆小花，相當溫馨可愛。前幾季的Radley設計還有：在海邊玩耍、在濱海小屋度假、在港邊與老人釣魚、在花園中遊戲、甚至坐上熱汽球，還到南極看企鵝呢！只可惜這些皮包是限量生產，過季就不容易買到了。

Cath Kidston給我的第一印象是——好貴的印花布喔！雖然店內每樣商品都很可愛，我也可以接受自己偶爾奢侈一下，買個一、兩樣小東西（說實在的，要能抗拒Cath Kidston的魅力真的很難），但是，我很難想像有人真的能做到Cath Kidston的訴求——將家裡佈置成Cath Kidston風格。何況，家中的男性應該會對Cath Kidston的花花世界反感吧！可是當我在電視上看到英國名廚傑米‧奧利佛的節目時，我終於明白Cath Kidston配上男生是怎麼樣的感覺了。

「奧利佛出走義大利」這個節目是在描述英國的年輕廚師奧利佛決定開著他的露營車逃到義大利，重新追求他對烹

甜美的Cath Kidston印花布

飪的熱情。在奧利佛出走前，他的妻子為他打包行李時，使用Cath Kidston的小收納包為奧利佛收納小東西。我當時的第一個直覺是，奧利佛怎麼會允許妻子在行李中放入一個小花包呢！不過，當鏡頭拉到奧利佛的復古Volkswagen露營車時，我就了解到奧利佛一點

也不介意那個小小的收納包了！因為露營車車窗上所使用的窗簾，都是Cath Kidston的印花布。復古Volkswagen露營車與Cath Kidston印花布其實很對味，只不過開車的人是個金髮大男人！看來Cath Kidston的魅力連男性也招架不住。

Cath Kidston所佈置的夢幻世界，似乎是所有女生的夢想。走入Cath Kidston店中，立即被甜美的印花布圍繞，有艷麗綻放的大花、含羞嬌嫩的迷你小花、50年代的復古玫瑰、活潑的普普花朵、俏皮的小圓點、舒心的田野風景畫、素雅的傳統東歐布花……看著這些布花，讓人不禁興奮的心跳加速。

Cath Kidston原先在倫敦Notting Hill這個地方，經營一家販賣二手家具及古董布料的小店。很快的，她開始自行設計布料及壁紙，創造出獨一無二的印花風格，並在倫敦開了六家分店。不管是哪家分店，皆展現了Cath Kidston所標榜的復古風格。

每間店內的裝潢以飛燕草藍及雪花蓮白為主，佐玫瑰紅點綴；木質的上漆家具搭配著全系列的居家用品。家中任何可以運用印花布的地方，Cath Kidston都為你打點好了。從廚房裡的桌巾、隔熱手套、圍裙，到浴室的毛巾、浴袍、盥洗袋，甚至是洗衣打掃需要的洗衣籃、燙衣板，或是為寵物設計的小

床、大小提袋、收納袋，還將花紋圖樣延伸到食器餐具。如果你想將家裡的牆壁，漆成Cath Kidston的招牌顏色——飛燕草藍，店裡也有販賣油漆。

要是Cath Kidston現有的產品仍不夠滿足你的需求，店中還提供裁布服務。一公尺£25左右的印花油布，可以買回家自行DIY。若只是想利用布料DIY一些小東西，也可以購買店中剩下的零碼布，為自己省下一點小錢。

平時一向喜歡內斂色系的我，走入Cath Kidston店前，我身上從沒出現過任何一種「花」圖樣，但體驗了Cath Kidston的溫暖甜美後，我也無法抗拒她的魅力，買下一叢Cath Kidston花。

「如果你穿著
令人印象深刻
的衣服，
你會有
更好的生活。」

Vivienne Westwood 如是說。

80

2004年，Vivienne Westwood在倫敦V&A博物館展覽時，堪稱史上首次呈現Vivienne Westwood該品牌的完整回顧，甚至將她喻為目前在世最偉大的英國設計師。儘管對龐克搖滾歷史不感興趣的我，也因為如此大幅的報導，說甚麼都要去看看這場偉大英國設計師的特展。那天還發生一件小插曲呢！

Vivienne Westwood特展的入場卷要價一張£8，學生票則是£5，當時排隊在我面前的英國女孩得知價錢後一直猛說好貴！由於她沒有學生身分，無法購買學生票，她跟櫃檯人員抱怨了半天後，大聲說了一句：「為什麼我要付那麼多錢去看一位bitch的展覽！」接著，在大家的質疑眼光下，她又再度強調一次：「對啊！她真的是bitch。」然後才掉頭離開。（這裡請容我不再翻譯bitch這個字是什麼意思！）當我聽到她這句話時，驚訝的很，在我看來這位女孩的裝扮可是相當龐克風呢！Vivienne Westwood應該是她的偶像才對。但

是，當我看完展覽後，我相信一向特立獨行的Vivienne Westwood女士，大概不會介意那位特立獨行的女孩，所說的一番話！

龐克教母
Vivienne Westwood

說到英國時尚，那絕對不能錯過Vivienne Westwood這位總是高紮著金髮，穿著緊身的花衣和蓬鬆的裙擺，塗抹鮮豔口紅亮相的英國龐克教母，她在龐克搖滾誕生的初期，扮演著非常重要的地位。她大膽的原創作品每每令人驚豔，不是大量使用蘇格蘭毛料或是格紋等這些相當傳統的英國布料，就是從歷史服飾中重塑馬甲和襯裙等這類元素。這些個個充滿衝突又帶著諷刺意涵的設計，卻在Vivienne Westwood的作品中，激盪出燦爛的火花。

Vivienne Westwood誕生於1941年英國的Derbyshire，她的父親來自鞋匠家庭，母親在當地的棉織廠當織布工。二次世界大戰後，家中曾經營過郵務站的事業，後來舉家遷至倫敦的西北區。才10幾歲的Vivienne就已經展露出她的設計才華，當時她不僅把自己的校服改裝成時髦的鉛筆裙，還自己手製多款衣服，甚至包括一件「New Look（新風格）」樣式的合身洋裝。

Vivienne曾進入藝術學校學習時尚與金工，後來認為來自藍領階級家庭的自己與藝術世界格格不入，決定離開學校。1963年，嫁給Westwood先生並生下兒子。至於Vivienne 後來如何成為一位服裝設計師的呢？且讓我們追隨著Vivienne的腳步，從倫敦Chelsea區Kings Road上 430號這間重要的歷史小店開始吧！

開設於1970年Kings Road 430號的小店名叫 「Let It Rock!（讓它搖滾吧！）」是Vivienne和她的夥伴Malcolm McLaren展示理念的地方。Vivienne在1965年認識Malcolm，Malcolm的家族擁有一間成功的服裝公司，自己在藝術學校就學，對於「用文化惹事生非」這類事樂在其中，極度迷戀時尚與音樂，認為它們與搖滾的反叛精神密不可分。在那個年代，還沒有任何一家電台播放搖滾音樂，但是Vivienne不只在店中販賣搖滾音樂唱

片，還兼賣一些二手衣服和年輕人崇尚的流行服飾，其中還包括Vivienne所設計的衣服。

1972年這間店重新裝潢，並改名為「Too Fast to Live, Too Young to Die.（活得太快，死得太早）」，反應搖滾樂迷興趣的轉變及黑色都市文化。店中開始販賣裝飾金屬鍊的皮衣、帶著標語插畫的T恤。Vivienne逐漸建立起自己風格的同時，也幫一些搖滾樂團設計衣服。她使用的拉鍊、金屬鍊、束腰、標語插畫等元素，開始受到時尚界的注目。

1974年，McLaren又將店名改為「Sex（性）」，門口上掛著大大的SEX三個字母，店裡也噴上一些色情塗鴉，販售性感、緊身的衣物。「性」的開幕，代表著將當時隱祕的話題擺上檯面，大膽宣告。

到了1976年，店名再度改為「Seditionaries: Clothes for Heroes（煽動份子──英雄服飾）」，整個室內裝飾利用倫敦Piccadilly廣場的顛倒影像，和德國城市Dresden的荒廢影像；店中的投射燈穿透天花板上裂開的洞口，裡面還有一隻關在籠子裡的活老鼠。店裡販賣充滿煽動、顛覆的服飾，展現絕對的龐克風格，即使服裝售價不低，仍吸引許多愛好者紛紛自行搭配出同樣風格的服飾，令這股流行迅速蔓延開來。

1981年，Vivienne Westwood以設計師的身分發表第一場走秀，展現她所設計的「Pirate（海盜）」系列。這些設計喚起人們對海盜的記憶……那個波瀾壯闊、骷髏頭與海盜旗的年代。海盜系列不僅在時尚界掀起一陣狂風，也讓Vivienne晉身具市場性的正派設計師之列。Kings Road 430號的店面，也再次重新裝潢改名為「World's End（世界盡頭）」。

海盜系列發表後，Vivienne Westwood知名度逐年成長，除了在世界各地時裝秀發表作品外，她開始使用傳統元素創作，作品中時常可見格紋布或斜紋軟呢的使用。1993年，Vivienne更取得自己專屬的格紋布花，巧妙融合龐克精神與英國傳統，大膽的創意表露無遺。

爾後，Vivienne Westwood更推出許多新的設計，例如：以多種族和原始風貌圖像為靈感的「Nostalgia of Mud（懷舊泥沼）」系列、充滿神秘的「Witches（女巫）」系列、1990年開始獲得全球關注的「Portrait（肖像）」系列等。今日，你可以前往Kings Road 430號的World's End感受當年的龐克叛逆風華，或是前往Conduit Street專賣店欣賞Vivienne Westwood華麗卻不媚俗的當代極品。

千萬別錯看FCUK

FCUK的品牌名稱一直給人相當特別的印象。乍看之下，還以為罵人的髒話出現在服飾品牌上，其實FCUK是French Connection United Kingdom的縮寫。有時，他們的招牌又不使用縮寫，直接寫上French Connection。我的朋友還曾經興沖沖的跟我說，那個法國來的French Connection如何如何……其實French Connection United Kingdom可是道道地地的英國品牌。

號稱「時尚＝事業」的FCUK是屬於中價位的品牌；旗下擁有男裝與女裝兩系列，服飾適合18～35歲的年輕男女，以合理的價格提供質感不錯的時髦商品。FCUK雖然沒有強烈、豔麗的風格，卻以自己獨特的簡約低調，展現性感；它的服飾一向以版型順暢為主，強調質感。在英國人眼中，FUCK屬於跟上流行的酷品牌，可惜對我來說它還是貴了點，T恤£25起，日常上衣£30～£60左右，洋裝平均£70左右。雖然如此，不過還是相當建議到FCUK正店中走走，欣賞英式流行風格；如果想要買FCUK的商品，建議你在6月底的夏換季折扣、聖誕節過後的換季折扣，或者是到outlet購買，一般大約原價5折～7折的折扣。

Twinings

住在英國後，我開始學喝英國茶，家中隨時準備著三、四種不同口味的茶葉。早餐時搭配加了牛奶的英國早餐茶（English Breakfast），需要能量時來杯香濃的阿薩姆（Assam），下午時分我最愛的伯爵茶（Earl Grey）躍升為主角再搭配一塊小蛋糕嚐嚐，天氣炎熱的時候將錫蘭（Ceylon）冰鎮。在還沒適應英國文化前，我就已經先養成喝英國茶的習慣了！我的英國朋友們常笑著說：「這大概是因為你是來自另一個愛喝茶的民族吧！」

說到英國茶，Twinings絕對是第一選擇，它不僅價格不高，通路又相當廣泛。Twining家族源自於英國葛萊斯特郡（Gloucestershire），世代世代經營羊毛加工事業，後來因為經濟衰退，舉家搬遷倫敦。在當時，欲經營貿易事業的先決條件是必須成為自由民（Freeman of the City of London），具有雄心壯志Twinings的創始人Thomas Twining在1701年26歲時，就取得自由民資格。他早期替東印度公司工作，學習貿易技巧，當時東印度公司進口許多特殊的異國產品，茶也是其中之一。Thomas體驗過這項新的東方飲料後為之著迷；五年後，他決定要自行創業。

Thomas創業第一步先買下一間名為Tom's Coffee House的咖啡館，這間店在倫敦西敏區與西堤區的交界，位置極佳。事業起步初期Thomas也曾歷經重重困難，後來漸入佳境，成為各階級男性聚集的場所，也培養了許多老顧客。值得一提的是，「付小費」這個習慣也是在咖啡館誕生的，有些顧客為了要確保服務迅速，在一個小箱子中投入小錢，而英文「TIP（小費的意思）」這個字就是由「To Insure Promptness（保證迅速）」來的。

當時，眾家咖啡館之間的競爭非常激烈，一般的咖啡館只販賣咖啡、白蘭地、蘭姆酒等等，Thomas的咖啡館

不僅推陳出新，還相中茶的潛力，並在店中提供高級茶飲。十八世紀初期，飲茶成為時髦的活動，儘管教會及醫界反對喝茶，但上流社會人士仍舊樂此不疲。很快的，Thomas的零售茶葉生意發展迅速，勝過店中販賣的茶飲，他甚至還將茶葉賣給競爭對手。當時Twinings 100g綠茶售價換算成今日的幣值相當於£160，只有有錢人才喝的起。

　　1734年時，Thomas完全放棄咖啡館的生意，他將咖啡館轉租給別人，專心經營茶葉販售。在咖啡館的男性世界中，Thomas也注意到女性的需求，專為有錢的名媛提供上等茶葉招待客人。1741年，Thomas Twining過世；Twining家族自此世代經營茶葉生意。Thomas的兒子Daniel是第一位將Twinings茶葉出口的家族成員，在Thomas的孫子Richard經營時期，Twinings還從維多利亞女王手中獲頒第一個皇室認證。當然，這不是Twinings唯一的皇室認證，伊莉莎白女王、威爾斯親王也都授予Twinings皇室認證。

　　今日位於Strand 216號的Twinings店面是在1717年時買下的，Twinings大概是世界上第一家販售乾燥茶葉與咖啡的商店，如果你有機會來到這間本店，不僅可以買到各式各樣的Twinings茶葉、精緻茶具，店中還有Twinings的博物館讓你體驗300年的Twinings風華。

茶知識

伯爵茶 Twinnings Earl Grey

　　使用中國紅茶為基底的伯爵茶帶著佛手柑的香氣，屬於清爽口感，茶色呈現自然的淡金黃色，任何時間都適合飲用。Earl Grey的名稱來自一位滿清官員贈送英國格雷伯爵二世（Charles Grey, 2nd Earl Grey）一款特調的茶，當格雷伯爵快要將這些茶喝完時，要求當時的Twinings老闆Richard Twining為他調出這款茶，命名就此而來。

下午茶的發明

　　當英國午後四點的鐘聲響起時，整個英國瞬間為茶停止……

　　下午茶是十七世紀初期英國貝德福公爵夫人安娜發明的，公爵夫人經常在午餐與用餐較遲的晚餐中間感到些許飢餓，她便邀請友人在下午時分來到家中小聚，泡壺好茶、品嚐點心，這個習慣很快就在名媛間流傳開來，蔚為風潮。

大笨鐘Big Ben
國會大廈House of Parliament

　　象徵著英國民主、仿哥德式的國會大廈於1860年維多利亞時代建造，裡面有長達三公里的走道、一千多間房屋和長274公尺的泰晤士河畔陽台。

　　中文暱稱大笨鐘的Big Ben，並不是單指外表看到的四面時鐘，而是內部重達14噸的共鳴鐘。Big Ben自1859年開始每整點敲一次鐘，準確的為倫敦民眾報時已達多年。

電話：+44 (0)20 7219 4272

交通：地鐵站 Westminster

西敏寺
Westminster
Abbey

陪伴英國皇室走過歷史的西敏寺是英皇登基大典及長眠之處，了解英國歷史的人，應該對此地許多偉人的陵墓感到熟悉。

電話：+44 (0)20 7222 5152

交通：地鐵站Westminster

倫敦眼London Eye

世界上最大的摩天倫就座落在泰晤士河畔。高達135公尺的倫敦眼是由英航（British Airway）經營的英國千禧計畫之一，內部共有32間乘坐艙，每間可搭乘25人，轉一圈的觀景時間為30分鐘，登上倫敦眼可眺望遠處的美景。

電話：+44 (0)9070 5000 600

交通：地鐵站Waterloo或Westminster

BRITISH AIRWAYS LONDON EYE
FLIGHT TIME   13:00
BOARDING DATE   02-07-04

ZTDSTQV3Y02BKC1F5 02-07-04 12:53

CARER   0.00
THT:CRS006 Ticket 507 Trans 175

Fly by nig

A perfect gift...

倫敦塔橋Tower Bridge

倫敦塔橋是泰晤士河上最美麗的橋,也是倫敦無數橋樑中最壯觀的一座。1894年建構完成的倫敦塔橋全長270公尺,每當大船經過時,橋面會成呈八字型打開,氣宇非凡。

電話:+44 (0)20 7378 7700
交通:地鐵站 Tower Hill

白金漢宮
Buckingham Palace

　　白金漢宮是1703年安妮女王賞賜給白金漢公爵的官邸，直到維多利亞女王登基後才遷居於此，改為王宮。若你想看英國禁衛軍交接，四月到九月這段期間在白金漢宮前可以看到，每天上午11點都會有交接儀式。若你想知道女王在不在白金漢宮中的話，請注意宮殿的正上方，如果宮殿上方飄揚著國旗，就表示女王正在宮中；如果沒有，就表示女王外出。

電話：+44 (0)20 7930 4832

交通：地鐵站 St. James Park

Pepe Jeans、Cath Kidston、Monsoon這些品牌都發跡於Notting Hill，這些具有創意的設計小品儼然使Notting Hill成為新興的時尚重地，Notting Hill走紅的另一個原因是因為同名的電影《新娘百分百Notting Hill》，因此，如果有空的話，絕對要來Notting Hill走一遭。

Notting Hill區以波多貝羅路（Portobello Road）為主幹，難以相信的是，這個今日蔚為倫敦最時尚的區域之一，在40年前還是個髒亂的地區，擁擠的房子、滿街的老鼠垃圾，更不用說做為英國書店老闆與美國影星的愛情電影場景。

早期的Notting Hill也是非裔加勒比海移民的大本營，因此

諾丁丘Notting Hill

每年8月最後一個周末都有一場展現熱鬧勒比海風格的Notting Hill Carnival。現在的Notting Hill以每週六的古董市集為重頭戲，波多貝羅市集幾乎成為Notting Hill的代名詞，電影中就使用過長長的波多貝羅市集，代表時間流逝，如果要見識的市集的盛況，建議星期六前往。

　　波多貝羅市集前端以販賣古董的攤販商店為主，再來是新商品，中間有食品市集。如果你想在波多貝羅挖到古董寶貝，必須往巷子裡鑽，可惜我不識骨董，怕買到假貨，每次都只能走馬看花，一路上倒有些平價的小紀念品可以挑選。這裡真正吸引我的是食品部分，來自各地的美食應有盡有：土耳其醃漬小菜、各式糕點麵包、賣相極佳的蔬果攤，看了總讓人心情大好。

交通：搭地鐵或公車到Notting Hill Gate，出地鐵站後右轉Pembridge Villas，就可以接到Portobello Road。

The Royal Borough of Kensington
and Chelsea
PORTOBELLO
ROAD, W.11.

Initial

電影《新娘百分百》
中的旅遊書店
The Travel Book Shop

　　如果你想找《新娘百分百》中休葛蘭飾演男主角威廉所住的藍色
大門，大概找不到，因為那扇門已經重新漆成黑色的了。如果你要去
威廉的旅遊書店，就位在Portobello Road中段的地方左轉Blenheim
Crescent就可以看到了！

地址：13-15 Blenheim Crescent,
Notting Hill, London W11 2EE
電話：+44 (0)20 7229 5260
營業時間：10:00-18:00 (Mon.-Sat.)

第2章
買家天堂

購物遊園地
Factory Shop & Outlet

觉得High Street的價格太高貴買不下手嗎？那你一定會愛死接下來的部份！

這裡主要介紹英國的連鎖折扣店、工廠直營店（Factory Shop）及暢貨中心（Outlet）等購物地方，價格至少是High Street的7折，甚至打到2、3折也是常有事。

連鎖折扣店大部分位於市區，交通便利；Factory Shop則大多位於郊外的廠區，前往不易，店中擺設裝潢也相當簡單，價格低廉，時常有次級品的特價出清活動，是個撿便宜的好地方。

英國的Outlet則由企業經營，有點類似購物中心的模式，招募多家品牌的暢貨中心來此設店。以營利為主的Outlet地點大多位在郊外，不僅結合家庭休憩功能，交通也很便利，商店的裝潢擺設較為精緻，逛起來比Factory Shop舒適許多。

McArthur Glen是英國最大的Outlet集團，旗下設有七家Outlet，接下來介紹的Cheshire Oaks Designer Outlet、York Designer Outlet、Swindon Designer Outlet和Bridgend Designer Outlet皆包含其中，McArthur Glen集團還有推出Outlet的VIP九折卡，出發前可以先上他們的官網免費申請。

TK Maxx

　　逛TK Maxx絕對是一種享受！享受挖寶的樂趣，享受折扣再折扣的價格，享受路邊攤經費買到百貨公司品質的樂趣！！讓我舉幾個例子，你就能體會TK Maxx有多值得一逛。我第一次到TK Maxx時，在出清區找到£5的Marlboro Classics短袖格子襯衫，及£7的長袖襯衫。由於我自己相當喜歡這個品牌的戶外休閒風格，毫不猶豫買下這二件！單單在台灣買一件它們的襯衫，大概會花掉我三千元左右吧！

　　如果Marlboro Classics的例子不太吸引你，那就請你再聽聽下面的例子。我想，應該很多人都希望擁有一條Diesel牛仔褲吧！不過，即使Diesel的發源地在義大利，也不及在TK Maxx買的便宜。我曾經看過一條只需£13的Diesel牛仔褲，它的款式還是受歡迎

的低腰小喇叭，絕對不是什麼陳年舊款。所以，當你在英國旅遊時，請仔細留意TK Maxx的紅色招牌，看到了就不要遲疑，馬上走進去。

簡單說來，TK Maxx是間連鎖的過季商品折扣店，有點像個小型的百貨公司，主要販賣商品是衣服，有男裝、女裝、童裝、配件還有家飾生活用品。這裡的價格大概是原價的40～60%，有各種不同風格的世界知名品牌，例如：Pringle、KANGOL、Fred Perry、Tommy Hilfiger、Polo jeans、Miss Sixty、Replay、Hugo Boss、FCUK、Moschino、Trussard……等等，有時候甚至不需要太拘泥於品牌，也可以在此發現質感精美的英國品牌。

殺入出清區

剛進入TK Maxx時常常會讓人眼花撩亂，不知該從何看起，我的建議是先從出清區下手。TK Maxx的商品經過一段時間無人購買後，就會貼上折扣的紅標籤放到出清區，隨著庫存時間的增加，商品會越來越便宜，從便宜的出清區域逛起是首要條件。

整個商場的陳列方式是以衣服種類為主，再以尺寸大小細分。如果你要找一件牛仔褲，你就到日常便服區，再依到自己的尺寸到該分類區，你就可以發現許多不同品牌，卻合乎你尺寸的牛仔褲。包包是以色系區分，有紅、黑、白、黃、綠、藍……等等，如果你要找特定顏色的包包，這樣的分類可說是一目了然。假使你沒有特定目標，可能要花點時間將所有的包包瀏覽一遍，或許會發現好貨。

精選戰利品

French Connection 咖啡色喀什米亞小外套 £27
胸口有特殊的對稱剪裁，領口處綁個蝴蝶結，加上兩肩的公主袖設計，為素雅的喀什米亞毛衣添了活潑的氣息。

Fred Perry 千鳥格手提包 £5.99
手提包雖放不下太多東西，但造型時尚、價格便宜，適合逛街或是參加Party時搭配服飾、造型。

尋寶秘訣

TK Maxx目前在英國將近200家的分店，在中、大型以上的城市都可以看到TK Maxx的蹤跡，可惜的是倫敦市中心沒有分店，要到倫敦較外圍的地區才有，若有機會到倫敦以外的地區旅遊時，多多留意TK Maxx的紅色招牌。

Pringle 黑色斜背包與蕃茄紅斜背書包 £29.99
這兩個Pringle斜背包是在不同間的TK Maxx購買，基本上每一間店所分配到的商品都不同，如果我在其中一間分店看到喜歡的品牌有新貨到，就表示這段時間別間分店也會有類似的商品上架，我就會抽空多跑幾間分店看看，這兩個包包就是在這樣的情形下買到的。

Schuh

Schuh這個字是德文，它的意思是：「鞋子」，顧名思義這間店專門販賣鞋子。基本上，Schuh只是一間代理多種品牌的鞋店，特別把Schuh這間店放在這個部份其實有點奇怪，但是對於Camper迷而言，走一趟Schuh也許會帶給你意外的驚喜。

我在英國買的第一雙Camper就是在Schuh的折扣鞋區中找到的，你絕對不能想像當我看到一排Camper Brothers系列拱門鞋，用£25的價格躺在鞋架上，卻無人問津的感覺……£25耶！那樣的價格大約台幣是1,500元，起先我以為自己換算錯誤，後來又反覆算了好幾次才肯定。再來，我又開始懷疑是不是自己沒看清楚，畢竟英國人寫的2跟5都長得像

英文字母S，經過我一再
確認後，它真的是£25。
　　當下，我毫不猶豫的
挑了自己的尺寸，馬上拿去
結帳，深怕這樣的價格是店員誤
寫。付了錢後快步離開店面，以免他
們發現錯誤把我叫回去。事實上，它真的
是25英鎊，而且在我往後定期造訪Schuh尋找便宜折扣
鞋的過程中，£25還不是我遇過最便宜的價格。創下最
便宜紀錄是在愛丁堡的Schuh分店，我買到一雙£15 的
男性牛津鞋。

尋寶秘訣

　　Schuh目前在英國大約有42
家分店，同時，他們也與另一家
連鎖服飾店Republic合作，在
店中設櫃。2004年時分，Schuh
在倫敦最熱鬧的購物街Oxford
Street也開了一家分店，不過，
我從來沒有在倫敦的分店中找到
便宜的好貨。我想，觀光客愈多
的地方愈難撿到便宜貨這句話在
這裡印證了。

Burb**e**rry F**a**c**t**ory **S**hop

由於Burberry在全英國有數家製造工廠，在這裡我特別介紹Burberry位於倫敦和卡地夫這兩間工廠。

佔地廣大的倫敦Burberry工廠

到了英國，你不可能不造訪倫敦；到了倫敦，你不可能不買價錢划算的旅遊卡（London Travel Card）。因此，對旅客而言，位在倫敦Zone 2這家Burberry工廠可說是交通最便利的一間！你只要利用Zone 1 & 2 Travel Card就可以到達。

精選戰利品

特價促銷的深藍色
格紋漁夫帽　£5

　　位於倫敦的工廠是全英國最大間的Burberry工廠，各種
類型的商品皆一應俱全。男裝、女裝、童裝、鞋子、帽子、領
帶、圍巾、雨傘、泳衣、皮包、領帶夾、袖扣之類的小飾品，
甚至還有賣Burberry的撲克牌呢！

　　整個賣場大致分為兩個區域，右邊區域主要陳列飾品及
男、女裝上衣，左邊的區域則吊掛著許多服飾，如：風衣、外
套、西裝、長褲、裙子等。收銀台的旁邊還有一個小區域販賣
著每週特價商品，每次都不一樣哦！

　　既然是工廠，商品陳列就沒有像High Street上的店面一樣
注重美觀，大部分的商品都是疊在一起或是緊密的掛著，如果
第一次去時不知道該從何挑起，可以聽聽我的建議──先到飾

品、配件區，從領帶、圍巾這些商品開始選購。

　　Burberry的格紋圍巾一向是它最基本的入門單品，平時穿著款式簡單的衣服，再加上格紋圍巾的點綴，馬上就襯出經典的英倫風情。一條100%羔羊毛的格紋圍巾大約是£20，純喀什米亞的圍巾則是£60左右，羊毛混喀什米亞材質的價格則介於兩者之間，再依圍巾的尺寸大小，略有不同的價格。

　　如果你認為擁有一條格紋圍巾不夠看，那麼可以再考慮買一條格紋毛毯，假使以面積做為價格的衡量點，買毛毯比圍巾還要划算得多！混紡喀什米亞的毛毯大約是£50～£70左右。另外像是男

性使用的配件，如：領帶，在台灣一條要價約5,700元的Burberry領帶，在英國的工廠裡你只要花台灣價格的五分之一，大約是£20上下，就可以擁有一條！

　　還有一樣你絕不能錯過的是Burberry的基本款polo衫，這裡的polo衫顏色相當齊全，款式多樣。不過，如果你想買到熱門款式，如：領口有格紋同時又符合自己尺寸的機會則不大。在選購包包方面，這裡也有大大小小、不同尺寸款式的商品，只不過比較難買到新款的設計。至於服飾方面，則要花時間慢慢挑選，因為這裡都是過季的款式，尺寸並不齊全，唯一的建議就是——請耐心慢慢看！

小而精巧的卡地夫Burberry工廠

　　位於卡地夫的Burberry工廠並不是很大間，商品的數量也沒有倫敦來的多，但是我每次到這裡都能滿載豐收。

　　我最喜歡在卡地夫的Burberry工廠買polo衫，特別是購買次等品質（second quality）的低價折扣品。一件次等品質的polo衫大約£12左右，只要仔細挑選，通常可以從中挑到幾乎毫無瑕疵，或是瑕疵不明顯的衣服。如果是自己要穿，或是送給不介意這種小瑕疵的親朋好友，那麼次等品衣服的確划算許多。只不過Burberry公司在近一、兩年似乎做了一些調整，次等品的商品不再那麼便宜，工廠的價格也與暢貨中心差不多，結帳後還會將吊牌剪掉。在2005年的下半季時，衣服上的Burberry London標籤吊牌也從原先深藍底白字，全面改成淺駝色底黑字。

　　即使如此，我仍舊喜歡到卡地夫的Burberry工廠，polo衫仍然是我的採買重點，這裡的polo衫以男性居多，一件約£25，次級品則是£20。女生經常用到款式簡單大方的披肩，這裡也常常找得到。由於卡地夫的工廠鮮少有觀光客參觀，這裡比較有機會買到亞洲地區較為熱門的款式。另外，卡地夫的Burberry工廠也有不定期的特賣會，說不定那天會意外碰上它唷！

尋寶路線

倫敦London

地址：29-53 Chatham Place, Hackney, London GB, E9 6LP

電話：0207 968 0000

公車：搭乘30號、236號、276號往Hackney的方向，在Morning Lane站下車。

火車：搭乘倫敦市內的火車到Heckney Central站，出車站後左轉，沿著Mare Street直走，再右轉進入Morning Lane，Burberry Factory Shop就在右手邊。

卡地夫Cardiff

地址：Abergorki Industrial Estate, Treorchy, South Wales CF42 6EF

電話：01443 772020

火車：從卡地夫中央火車站搭乘前往Treherbert的小火車，在Ynyswen站下車，車程大約55分鐘。出車站後右轉直走，卡地夫工廠就位在左手邊，進入工廠後，沿著廠內的指示就可以找到。

尋寶秘訣

購買Burberry工廠的商品時需留意下列幾點：

1. 商品無法退貨或換貨。

2. 店內只能攜帶小皮包進入，店裡入口處的左側可以寄放包包。

3. 卡地夫的Burberry工廠裡販賣的polo衫有數量限制，每人每次限購6件，雖然有時候好心的店員會通融一下，讓你多買幾件，不過還是得有心理準備。

4. 倫敦Burberry工廠裡沒有試衣間，請盡量選擇方便自行在角落試穿的衣服為主；卡地夫的Burberry工廠則有試衣間。

Bicester Village

Bicester Village是擁有最多高檔品牌的outlet集散地,特別是來自歐洲的名牌精品,在這裡幾乎是應有盡有,價格大約是原價的40～60%,鐘愛這些高價名牌的人在這購物簡直像如魚得水一般,悠遊其中。Bicester Village的內部共有70家商店,其中還包含3間餐廳,要是逛街逛累了,可以稍坐休息,喝杯咖啡吃點東西。由於Bicester Village的交通方便,加上許多旅行團的行程中都會安排這個景點,因此觀光客非常的多。相較於其他的outlet,身處Bicester Village的店家推出低價促銷活動的機會就比較少,便宜是一定有,不過程度不如其他outlet來的多。另外,Bicester的正確發音是「Bister」,「ce」不發音,買票時千萬別唸錯,才不會與售票員雞同鴨講。

服飾：
ANNE FONTAINE
ANNE KLEIN
AQUASCUTUM
BURBERRY
CAFÉ COTON
CERRUTI 1881 MENSWEAR
CELINE
CARLES TYRWHITT
CALVIN KLEIN
CALVIN KLEIN UNDERWEAR
DIESEL
DIOR
DONNA KARAN
DUNHILL
EARL JEAN
ERMENEGILDO ZEGNA
FAT FACE
FRENCH CONNECTION
GIEVES & HAWKES
HACKETT
HOBBS
HUGO BOSS
JAEGER
JIGSAW
KAREN MILLEN
LACOSTE
LA PERLA
LEVI'S
LOEWE
MEXX
MAXMARA
MISS SITY & ENERGIE
MONSOON
MULBERRY
NICOLE FARHI
NITYA
OZWALD BOATENG
PAUL SMITH
POLO RALPH LAUREN

PRINGLE
RACING GREEN
SALVATORE FERRAGAMO
SAND
SAVOY TAYLORS GUILD STUDIO
MODA
TED BAKER
THE DISIGNER ROOM
TIMBERLAND
TOMMY HILFIGER
TSE CASHMERE
VERSACE
WHISTLES

鞋子與配件：
BALLY
CAMPER
CHURCH'S SHOES
CLARKS
FOLLI FOLLIE
KIPLING
LINE OF LONDON
L.K. BENNETT
MULBERRY
SALVATORE FERRAGAMO
SAMSONITE
SUNGLASS TIME
TAG HEUER
TIMBERLAND
TOD'S

居家生活用品：
BODUM
BOOKS ETC
BOSE
CATH KIDSTON
SESCAMPS
KENNETH TURNER
ONEIDA
PRICE'S

THE WHITE COMPANY
VILLEROY & BOCH
WATERFORD WEDGWOOD

運動休閒服飾用品：
FRED PERRY
HELLY HANSEN
MUSTO
PUMA
QUIKSILVER
REEBOK
THE NORTH FACE
TOG 24
VANS

化妝保養品：
L'OCCITANE
MOLTON BROWN
PENHALIGON'S
THE COSMETICS COMPANY
STORE

Bicester Village
內有品牌

Burberry

在英國，幾乎每一間大型outlet集散地都有開設Burberry的分店，不過每間店的商品不一，各店推出的特價品也略有不同，如果有時間的話，就多走幾家。

條紋短裙　£9

這條下了超低折扣的短裙是我的意外發現，從原價£50左右，一再減價到£9，大概是庫存太久沒人購買，才會出現這樣神奇的低價。我個人覺得這件裙子很相當別致，它運用Burberry經典格紋中的駝、黑、紅、白四色，單純的將格子拉成線條而已，就跳脫出傳統，不落於一般的俗套型式。

粉藍色的蘇格蘭裙　£30

這條裙子以£30左右的價格買到，雖然比條紋短裙貴了許多，相較於一般只適合在冬季穿著，還要不停擔心腳部受涼的毛料蘇格蘭裙來說，這條棉質的蘇格蘭裙不論是材質還是色系，皆帶來清爽的感覺，在炎炎夏日裡穿來很是舒服怡人。

Cath Kidston

Cath Kidston這個品牌唯一一間折扣商店就在Bicester。雖然Cath Kidston的折扣不多，不過你一旦進入Cath Kidston營造的甜美鄉村夢境裡，很難不花錢買點小東西。

粉紅花圖騰托特包

這款托特包以Cath Kidston的特色印花布縫製而成，提著這個袋子逛街，彷彿整個人都溶進春天的氣息裡。包包打折後大約£12，以一個小花布包來說，價格真的不便宜。如同我先前提及的，想不被Cath Kidston的魔幻魅力所影響，真的很難。

專門收納塑膠袋的吊袋

這個吊袋是Cath Kidston的聰明小設計。袋子設計成類似袖套的形狀，再加上一條帶子，平時就可以將塑膠袋收納在內，袋子外的甜美小花圖騰再度給人「愉悅」的感覺。

Camper

　　Camper在台灣近幾年的價格一直持續上漲，就連英國High Street上的專門店也沒有便宜到哪裡。來自巴塞隆納的Camper店員還私下告訴我，員工在店裡買鞋也只有8折的優惠，連他們都不曉得英國有這麼一間Camper oullet。當他們知道我在outlet買到的價格時，驚訝聲不斷，直問我到底該怎麼去。由此可知，身處Bicester的Camper outlet售價真的非常便宜。

　　不過，先聲明這裡有個但書！由於我是在冬季折扣期間買的，不知道各位有沒有那麼幸運，可以碰到折扣季！Camper outlet的原價大約是£50～£60，換季開始的第一階段會舉辦「買一雙，第二雙半價」的促銷活動，再來是「outlet價格再打7折」的優惠。

精選戰利品

一雙左右不同的Twins鞋
紅色的「＋」號再配上
黑色的「－」號，左腳的紅
色翅膀配上右腳的黑色翅
膀，不對稱的設計一眼就
可看出它來自Camper。

可愛的紅色娃娃鞋，特殊
的麂皮上還有線條壓紋，
反射出鞋面的不同光澤。

有如春日微風般的顏色再
加上芭蕾舞伶的鞋款，穿
著它踏上原野，即能翩翩
起舞。

Fred Perry

　　Fred Perry outlet中最吸引我的就是£5、£10的出清區。上衣、短裙每件都是£5，或是£10，這樣的優惠只限定女裝，男裝的折扣就沒有女裝來的多。在Bicester裡，Fred Perry的貨色不少，不過有時價格比較貴，特別是配件的部份。同樣的毛帽在Bicester要價£6，到了Cheshire Oaks（下二章會介紹這一間）只要£3，包包也同樣以Bicester一半的價錢販賣。特別要注意的是，£5是衣服是Fred Perry的最低折扣，一但看到喜歡的商品，就不用猶豫馬上下手！

Tommy Hilfiger

英國許多家outlet集散地中都設有Tommy Hilfiger outlet，雖然它的售價與英國以外的地區相比，並沒有特別便宜，我仍舊非常建議到Bicester的Tommy看看。Tommy一樓陳列的商品與其他的outlet無異，值得一逛的地方位在二樓，那裡有許多樣品出清，常常可以找剪裁大方的便宜衣服。

Mulberry

英國的經典皮件老牌Mulberry唯一一間outlet即設在Bicester。Mulberry的皮件在這裡也有折扣出清價，例如：超人氣的Roxanne包及Bayswater包；Roxanne包的價格大約是四百多英鎊，顏色只有2～3種，大小尺寸也不是很齊全，如果事先預定好你心目中的款式、顏色的話，這裡可不一定找的到唷。

Pringle of Scotland

Bicester裡的Pringle outlet售價大約是原價的6～7折，少數商品打到5折，雖然比台灣的售價便宜不少，若與另一間在Cheshire Oaks的Pringle outlet相比，則是貴了許多。如果你有計劃到Cheshire Oaks的話，就別在Bicester的Pringle outlet花太多錢。

尋寶路線

. . . .

Bicester Village

地址：50 Pingle Drive, Oxon OX26 6WD, England

電話：01869 323 200

公車：從牛津的Magdalen Street搭公車27A、
27B、27C、X27到Bicester Village。

火車：如果由倫敦出發，從Marylebone火車站搭
火車到Bicester North，出車站後有接駁小巴士到
Bicester Village，單程£1，回程時在去程的下車處上
車，基本上是整點一班，平日最後一班車是18:00，千
萬不要錯過囉！

名點小憩

牛津Oxford

從Bicester Village旁的公車站搭Stagecoach公車到Oxford只需要40分鐘左右，每20分鐘約一班車，如果有時間，可以計畫到牛津走走，看看世界上最古老的大學之一。

遊牛津就等於遊大學，如果你想找這個城市中所謂的「牛津大學校區」是不可能的，牛津大學裡共有36個大大小小的學院分布於城中，並沒有一個大圍牆把學院通通圍起來。想進入牛津大學就讀，不是有拿到學校的入學許可而已，你還需要申請學院，有學院願意收你，才能進入大學就讀。

走入牛津，就如同走入16世紀一般，古色古香的街道建築、濃濃的書卷氣息，悠遠長久的人類智慧就是這樣傳承下來的。加上電影《哈利波特》推出後，又再度掀起牛津旅遊風潮。電影中霍格華茲魔法學校的大餐廳就是以牛津的基督教學院（Christ Church Collage）取景，旁邊的巴德禮圖書館（Bodleian Library）也曾出現在霍格華茲校園的一角。

Gunwharf Quays Designer Outlet

Gunwharf Quays位在Portsmouth港邊，是個休憩兼具遊玩的區域，不只可以在附近的Designer Outlet購物，還有數家餐廳可享受佳餚，或是到夜店跳個舞、打打保齡球、欣賞電影、到賭場小試一番，甚至有一間Holiday Inn提供住宿。天氣好的時候，許多人會坐在港邊享受燦爛的陽光。

這裡的Designer Outlet被我暱稱為「£5 Outlet」，起因在於我第一次到這裡時，當日採買的商品單價都只有「£5」。你可不要以為£5買不到什麼好東西，且看看我當日的購物清單。

Fred Perry 卡其運動裙

Fred Perry 粉紅色針織上衣

Ted Baker 削肩黑色上衣
（簡單大方的黑色上衣，極佳的棉質布料
隱隱閃爍著光澤，極具設計感的不對稱肩
帶，配上附帶的寶藍羽毛別針，只花了£5
就解決我尋找夜店新衣服的問題。）

Fred Perry 橫條紋無袖上衣

Gunwharf Quays
的Designer Outlet大約
有65間店面，品牌數雖
然不多，但皆是具有一
定品質，相當建議到這
裡選選逛逛。

Burberry 無袖POLO衫兩件
（雖然只剩下L號，不過£5的價格實在
吸引人，一次買了兩件送給媽媽。）

服飾：
Animal
Austin Reed
Barbour
Burberry
CK Underwear
Cotton Traders
Crew Clothing Co.
Elle
French Connection
GAP
Gieves & Hawkes
Gul International
Gunwharf Logo Store
Hobbs
Jack Wills
Karen Millen Whistles
Kurt Muller
Lakeland Leather
Levi Strauss
Liz Claiborne
LK Bennett
Mambo
Marks & Spencer Outlet
Mexx
Monsoon
Mountain Warehouse
NEXT Clearance
Nitya
Oakley
Oasis
O'Neill
Paul Smith
Polo Ralph Lauren
Reef
Suits You
Ted Baker
Timberland
TM Lewin

Tog 24
Triumph International
Vans
White Stuff

鞋子與配件：
Animal
Bags etc
Barbour
Chapelle
Claire's Accessories
Clarks Factory Outlet
Daniel James Jewellers
Dune
ECCO
Hush Puppies
Jack Wills
Kipling
Kurt Muller
Lakeland Leather
Liz Claiborne
LK Bennett
LKB by LK Bennett
Mambo
Monsoon
O'Neill
Reef
Sunglass Time
Timberland

居家生活用品：
Christy
Denby & Le Creuset
Marks & Spencer Outlet
NEXT Clearance
Oneida
Ponden Mill
Remington
The Professional Cookware

Company
Villeroy & Boch
Whittard of Chelsea

化妝保養品及珠寶：
Boots
Crabtree & Evelyn
L'occitane
Molton Brown
Polo Ralph Lauren
Remington
The Edge
The Perfume Shop
Trade Secret

運動休閒服飾用品：
Animal
Adidas
Barbour
Crew Clothing Co.
Donnay International
Fat Face
Fred Perry
Gul International
Mambo
Mountain Warehouse
Nike
O'Neill
Puma
Reef
The Edge
Timberland
Tog 24
Vans
William Hill

Gunwharf Quay
Designer Outlet
內有品牌

Crabtree & Evelyn

進入Outlet後不遠處就可以看到Crabtree & Evelyn。來自英國的Crabtree & Evelyn，以健康天然為取向，除了生產一系列的衛浴用品、居家室內芳香用品與美容保養品之外，還有英式傳統的果醬與餅乾。產品中運用的各種原料都有其用意，不論是百合花、玫瑰花、鳶尾花，或是迷迭香、薰衣草皆保有天然的特質，呵護著細嫩的皮膚，整個品牌散發出自然的田園氣息。

Paul Smith

　　每季推出各種線條變化的Paul Smith男性襯衫一但成了過季商品時，大多送到outlet
販賣。在outlet的價格大約是£39～£49，賣場中依照尺寸陳列，只要找到自己尺寸的陳
列區，架上商品就任君挑選囉！

French Connection

　　以台灣的物價來衡量French Connection的
話，價格一向不便宜，我經常走入他們High street的
店面挑選衣服，後來又因為價格考量空手而出。不過
在French Connection的outlet就比較沒有這層顧
慮，折扣時多半以£5、£10、£15、£20的價格區分，
相信你可以依價格很快找到自己喜歡的衣服。

喀什米亞粉紅色毛衣　£13
冬天穿上如奶油般柔順的喀什米
亞毛衣似乎成了唯一一種選擇，
各家品牌紛紛推出100%喀什米亞
的系列商品。這件粉紅色毛衣以
£13的折扣價購得，讓喀什米亞脫
離奢侈品的形象。

Mexx

Mexx的服飾適合各種年齡
層的消費者，由男裝、女裝、
到童裝皆一應俱全。Mexx在
英國擁有多家outlet，在Mexx
outlet裡可以用非常便宜的價錢
買到實用的日常服飾。同時，
Mexx也會不定期推出促銷活
動，例如：買£35送£5折價卷等
等……相當划算。

條紋及膝裙　£5
在夏天裡穿著清爽的棉麻材質
條紋及膝裙，再搭配一雙夾腳涼
鞋，就可以快樂渡假去囉！

尋寶路線

Gunwharf Quays Designer Outlet

地址：Gunwharf Quays Management Ltd,
Gunwharf Quays, Portsmouth, Hampshire, PO1
3TZ

電話：020 9283 6700

火車：搭火車到Portsmouth Harbour火車站，
Gunwharf Quays在火車站的後側，出站後左轉走
到行人隧道入口，穿過隧道就到了。

名點小憩

普茲茅斯Portsmouth

普茲茅斯曾經是個重要的海軍基地，在這裡可以看
到許多歷史的船塢、軍艦。如果你對海軍歷史有興
趣的話，可以到皇家海軍博物館參觀，或者可以上
三角帆塔眺望遠處美景。

三角帆塔Spinnaker Tower

位在Gunwharf Quays裡的三角帆塔原先計畫在
千禧年時啟用，不過一直延誤到2005年的10月才
正式開幕。這座高塔由Scott Wilson Advanced
Technology設計，高110公尺，外形有如一艘乘風
破浪的帆船，塔上的觀景台擁有全歐洲最大的玻璃
地板，相當值得參觀。

地址：The Spinnaker Tower, Gunwharf Quays,
Portsmouth, Hampshire PO1 3TT

電話：+44 (0)23 9285 7520

Cheshire Oaks Designer Outlet

鄰近Chester這間Cheshire Oaks Designer Outlet是全英國最大的Outlet Village，裡面總共有145間商店。從頭到腳，從一日起床到入睡，所有你需要的東西這裡都有。坦白說，我從來沒有逛完全部的商店，因為佔地太大、數量又多，每次都只能挑自己有興趣的店家。如果你想要征服全部的店，得花上一整天的時間待在這裡。

服飾：
Austin Reed
Autonomy
Barönjon
Ben Sherman
Burberry
Calvin Klein Jeans
Calvin Klein
Cecil Gee
Charles Tyrwhitt
Chilli Pepper
Coast
Cotton Traders
D2
Designer Room
Diesel
Elle
Fat Face
Fred Perry
Gap Outlet
Golfino Jaeger
James Barry
Karen Millen
Kurt Muller
La Senza
Lakeland
Lee Cooper
Levi's®
Liz Claiborne
Logo
Marks & Spencer Outlet
(Ladieswear)
Marks & Spencer Outlet
(Menswear)
Mexx
Monsoon
Moss Bros
Next Clearance
Nitya
Oasis
Petroleum
Pilot
Playtex/Gossard/Wonderbra
Prima Designer Man Prima
Designer Woman
Prima Tessuti
Pringle of Scotland
Racing Green

Red/Green
Reebok/Rockport
Roman Originals
Sixty Outlet
Suits You/Young's Hire
Ted Baker
T. M. Lewin
Timberland
Tommy Hilfiger
Triumph
Van Heusen
Vans
Warehouse
Windsmoor
Winning Line
Woodhouse
Polo Ralph Lauren

鞋子與配件：
Antler
Claire's Accessories Outlet
Clarks
Daniel Footwear
Dune
Ecco
Fiorelli
Kangol
Lilley & Skinner
Next Clearance
Samsonite Company Stores
Skechers
Soled Out
Sunglass Time
Timberland
Tripp
Tula
Vans

運動休閒服飾用品：
Adidas
Animal
Cotton Traders
Donnay
Fat Face
Golfino
Helly Hansen
Jeantex
Kickers/Ellesse/Berghaus/

Speedo
Mountain Warehouse
Nike Factory Store
Puma
Reebok/Rockport
Sergio Tachinni
Streetwise
Sunglass Time
The North Face
Tog 24

居家生活用品：
Bookends
Bose
Carphone Warehouse
Christy Outlet Store
Denby
Edinburgh Crystal
Gizmo
Kitch'N'sync
Marks & Spencer (Home ware)
Next Clearance
Oneida
Ponden Mill
Professional Cookware
Remington
Royal Doulton
Royal Worcester
The Paper Mill Shop
Toshiba
Villeroy & Boch
Virgin XS Music
Wedgwood
WH Smith
Whittard Of Chelsea

化妝保養品及珠寶：
Chapelle
Ciro Pearls
Claire's Accessories Outlet
Goldsmith's
Liz Claiborne
Molton Brown
Revlon
The Cosmetic Company Store
Virgin Cosmetic Company

Cheshire Oaks
Designer Outlet
內有品牌

Pringle of Scotland

　　Cheshire Oaks Designer Outlet這裡的Pringle outlet不僅商品豐富，折扣比Bicester Village還多，單單為了 Pringle這個品牌，就值得走一趟。不知是否這裡鄰近Pringle產地的關係，這間outlet還販賣許多Pringle的樣品。樣品的尺寸多半是M號，放樣品的展示架上也有點雜亂，需要花點時間一件件翻找，如果你找到剛好符合你體型的商品，就可以在此買到全世界獨一無二的Pringle。

精選戰利品

水藍色毛衣外套　£30
這件男生的毛衣外套樣品只要£30，相較於台灣一件近萬元的價格，現在只要十分之一的價格，不買怎行呢？

紅色風衣外套　£15
收納時不占空間，最適合旅行攜帶的輕薄紅色風衣外套可是必備單品。它的拉鍊扣上還有隻Pringle的雄獅圖樣呢！我買的時候上面並沒有標價，Pringle的店經理說：「算妳£15好了。」我連忙回答：「馬上結帳！」台灣哪買的到千元以下的Pringle呢？當然連考慮都不用囉！

金標的深色毛衣　£30
這件毛衣由輕薄美麗的諾羊毛織成Pringle的經典菱形格紋。金標系列的價格是Pringle中最昂貴的，台灣也有引進相同的款式，一件要價台幣1萬元左右，這裡折合台幣連二千元都不到。

Whittard of Chelsea

心型濾茶匙

銀製的心型濾茶匙原先是搭配
英國茶一起販賣的情人節特別
組合,整組原價大約£9。這些
心型濾茶匙在情人節過後送到
outlet,被放在地上的藤籃裡,
以一支£2左右的價格賣出,可愛
的造型讓人愛不釋手。

調味紅茶

到Whittard outlet時記得多多
留意放在地上的藤籃,這裡面多
半裝著以原價的50～70%出清的
茶葉。雖然茶葉的保存期限比較
短,不過通常都還有半年以上,
如果不打算久放的話,這些出清
茶葉可以為自己省下不少錢。

英國Outlet Village裡經常可以看到Whittard的蹤
跡,不過它在Cheshire Oaks Design Village的佔地坪數
實在大的嚇人,到處都是一架架高高堆疊的商品分布在賣
場中。Whittard除了販賣一般過季的餐具、茶具外,最常
出現的是過時的節慶商品,例如:針對復活節推出的商品
在復活節過後,商品就會送到outlet;聖誕節、情人節等
其他節日也都有一樣的情形。如果你剛好在這些重要節日
過後才到英國,不妨到Whittard outlet尋尋寶,在今年
用低價買進的應景商品,明年就可以拿出來使用了!

Fred Perry

如同先前在Bicester
Village那章提及到的，
這裡的Fred Perry比較便
宜，特別是配件部分，
極力建議你將焦點放在
配件上。這裡有時候還會
舉辦優惠活動，我曾遇到
買£50贈送一個包包的活
動，那個包包在Bicester
Village可是以£25的價格
出售呢！

Wedgwood

Wedgwood的瓷器品質舉世聞
名，你在outlet中可以買到一些過季
品或次級品，它的經典系列之一：
「野草莓」也常出現在outlet裡，只
是各家outlet擁有的款式不同，多走
幾家也許可以收集到整套餐具喔！

精選戰利品

野草莓系列的茶碗與小盤
綠葉襯著嬌嫩的野莓花，再加上幾顆鮮嫩可口
的野草莓散佈在白瓷上……一塊來享受優雅的
英式皇家下午茶吧！

尋寶路線
· ·

Cheshire Oaks Designer Outlet
地址：Management Suite, Kinsey
Road, Ellesmere Port, South Wirral
CH65 9JJ, UK
電話：0151 348 5600
交通：搭火車到Chester火車站後，再
搭乘免費的接撥公車到Chester市區的公
車總站，在總站的3A月台搭1號公車到
Cheshire Oaks Outlet Village，大約每
20分鐘一班公車。

遠方的契斯特大教堂（Chester Cathedral）

市城牆（City Walls）
全長約3公里，慢慢逛的話大約需要1個
半小時，可以由鐘塔旁的樓梯上去。

市城牆

契斯特Chester

1897年的鐘塔

名點小憩

契斯特Chester

如果你是搭火車抵達契斯特要轉往Cheshire Oaks
Designer Outlet的話，建議你先花1～2個小時在契
斯特內走走。位於英格蘭邊境的契斯特是通往北威爾
斯的門戶，它原先是羅馬時期的要塞，因此可以看到
不少羅馬遺跡。在少數保有古城牆的英國城市中，契
斯特算是保存的相當完整的，認識它最好的方法，就
是到環繞城市的城牆上走一圈。

York
Designer
Outlet

York是個充滿歷史風情的城市，街上隨處可見老式建築，走在York街道上，有一種時光倒流的感覺。York Designer Outlet離York市中心大約20分鐘車程，公車往來方便頻繁，outlet內部擁有約120家商店，相當建議你到此區走走。

服飾：
Armani Collections
Arrow
Austin Reed
Autonomy
Barönjon
Ben Sherman
Billie and Gruff
Burberry
Calvin Klein Jeans
Calvin Klein
Chilli Pepper
Coast
Cotton Traders
Crew
Designer Room
Double Two
Elle
Gap Outlet
Guess
Hackett
Haggar
Hugo Boss
Jacques Vert
Jaeger
Joules
Karen Millen
Klass Collection
Levi's®
Margaret Howell
Marks & Spencer Outlet
Mexx
Moss, Moss Bros Hire
Nitya
Olsen
Paul Smith
Petroleum
Pilot
Polo Ralph Lauren
Pour Homme/YSL

Prima Designer Clothing
Racing Green
Rockport
Roman Originals
Sand
Suits You/Young's Hire
Ted Baker
Thomas Pink
Timberland
Tommy Hilfiger
Van Heusen
Viyella
Windsmoor
Wolsey

鞋子與配件：
Clarks
Antler
Claire's Accessories Outlet
Clarks
Coccinelle
Daniel Footwear
Famous Footwear
KANGOL
Pavers Outlet
Shoe Studio
Sunglass Time
Timberland
Travel Accessory

運動休閒服飾用品：
adidas
Cotton Traders
Donnay

York Designer Outlet
內有品牌

Mountain Warehouse
Oakley
Oakley Accessories
Reebok
Sunglass Time
Tog 24

居家生活用品：
Birthdays
Bookends
Bose
China China
Denby
Design House
Le Creuset
Marks & Spencer Outlet
Oneida
Perfume Point
Price's Candles
Remington
Room
Smart Option Stationery
The Paper Mill Shop

Thorntons
Virgin XS Music
Whittard Of Chelsea
Woods Of Windsor

化妝保養品及珠寶：
The Body Shop Depot
Chapelle Jewellery
Claire's Accessories Outlet
Mooche
Penhaligon's
Perfume Point
Virgin Cosmetics Company
Woods Of Windsor

York Designer Outle
內有品牌

Le Creuset

　　來自法國的優質鐵鍋品牌Le Creuset經常出現在食譜上及烹飪節目中，厚實的生鐵外鍍鮮豔的琺瑯，在爐火上烹煮後還可以直接端上桌，是許多名廚的最愛，愛心或是水果造型的外型也讓許多人著迷。台灣也曾經短暫進口過該品牌並在百貨公司設櫃，不過現在已經撤櫃了！英國目前有三家Le Creuset outlet，除了York Designer Outlet外，另外二家在Swindon Designer Outlet（下一篇將介紹該家outlet），與位於Somerset 的Clarks Village。Le Creuset的鍋子重量可不輕，如果對Le Creuset感興趣只能自己由國外帶回來。

精選戰利品

愛心小烤模與迷你蘋果綠小燉鍋

如果覺得鐵鍋太重帶不回來，可以改買紅色的愛心小烤模，烤個迷你心型巧克力蛋糕或是舒芙蕾，用看的都覺得好吃；迷你蘋果綠小燉鍋即使不煮飯擺在桌上也很可愛。Le Creuset在自己的網站上會根據每款產品提供食譜，這裡也附上一個簡單的軟糕食譜，讓你做做看。

心型巧克力軟糕

材料	用量
愛心小烤模	4個
巧克力	100g
奶油	100g
麵粉	50g
糖	100g
蛋	3顆

作法

1. 預熱烤箱至200°C。
2. 用隔水加熱的方式融化巧克力與奶油。
3. 將糖、麵粉、蛋混合均勻。
4. 再將步驟2與3混合均勻。
5. 將烤模內層塗上薄薄的奶油，撒上少許麵粉後倒入步驟4的混合料。
6. 放入烤箱中烤個10～15分鐘之後，上層酥脆、內層滑嫩的巧克力軟糕就會呈現在你眼前。
7. 烤好後馬上脫模，吃的時候加上一匙冰淇淋會更加美味。

KANGOL

以「帽子」聞名世界的KANGOL，近一兩年開始也設立outlet。KANGOL outlet的店面不大，牆上掛滿了各式各樣的帽子，就連經典的貝雷帽這裡也買到。至於包包的部份，這裡的折扣並不多，想要買到便宜又好看的，就要碰運氣了！

Guess

Guess一向不是我逛outlet的重點，不過最近一次到York Designer Outlet讓我對Guess的印象完全改觀。它的上衣一律£5，外套及褲子全部£9，整間店的商品無一例外，這種不可思議的優惠怎麼能不多買幾件呢？

精選戰利品

紅色與黑色長袖襯衫
既然上衣都是£5，買襯衫當然比買T恤划算，我挑了兩件自己沒有的色系。紅色的長袖襯衫胸前有皺褶裝飾，黑色襯衫則是基本款式。

咖啡色九分褲
雖然牛仔褲也在折扣的範圍，不過當日我沒有多餘的時間試穿各款牛仔褲，加上第一眼看到這條九分褲，就被褲管的裝飾皮扣吸引住，這個特殊的設計促使我買下這條褲子。

Body Shop

英國Body Shop的售價絕對比台灣便宜,甚至比其他歐洲國家還要便宜許多。在York Designer Outlet的價格是原價的5折以下,最多打到2.5折,如此優惠的價格實在吸引人。只是,這裡大多販賣小容量的產品,或是折扣的禮盒與旅行組,台灣熱門的茶樹精油系列不會在此出現。

一罐£1,六罐£5的60ml產品
店內擺著大大的浴缸,堆著各式各樣的60ml 產品,有洗髮精、卸妝乳、沐浴精、身體乳液、泡澡油等等。任選六罐只要£5。

尋寶路線

York Designer Outlet
地址：St. Nicolas Avenue,
Fulford, York, YO19 4TA, United
Kingdom
電話：01904 682700
交通：搭火車到York火車站，
再搭7號公車到York Designer
Outlet，公車每15分鐘一班，從
7:00am開到7:45pm。

名點小憩

約克York
York這個城市本身就很迷人，如詩如畫般的中世紀景致、大教
堂、國家鐵路博物館、肉舖小街都是值得一去的景點。

國家鐵路博物館（National Railway Museum）
地址：National Railway Museum, Leeman Road, York,
YO26 4XJ, UK
電話：+44 (0)19 0462 1261
開放時間：每日10:00 – 18:00
票價：免費參觀

約克大教堂（York Minster）

地址　York Minster, St Williams College, 4-5
College Street, York YO1 7JF

電話　+44 (0)1904 557216

票價　成人 £5.00，優惠票 £3.50

肉舖街（The Shambles）

Shambles是條可愛的彎曲小巷，左右兩旁有許多列入保護的木造老房子，這裡有古早味的糖果店、香濃的巧克力店、£1三明治店，一定要來此地走一遭。

名叫「巧克力天堂」的巧克力專賣店，他們的熱巧克力真的好喝到有如上天堂的感覺。

專賣軟糖、太妃糖的小店。

Swindon Designer Outlet

　　Swindon位在倫敦往南威爾斯的路線上，離許多觀光小鎮都不遠，如果旅途中有機會經過此地，可以計畫在這裡停留個半天，逛逛outlet。Swindon Designer Outlet目前大約有150間商店，是歐洲最大的室內outlet，內部建築相當獨特，自維多利亞時代的Great Western火車公司建築整修而來，目前賣場中仍保留展示一些火車零件，在逛街同時也可以順便欣賞建築及展品。

服飾：
Alexon
Aquascutum
Austin Reed
Autonomy
Barönjon
Ben Sherman
Burberry
Calvin Klein
Calvin Klein Underwear
Cotton Traders
Designer Room
Gap Outlet
Henri Lloyd
Hobbs
Jaeger
Lakeland
Levi's® Outlet
LK Bennett
Marks & Spencer Outlet
Mexx
Moss, Moss Bros Hire
Next Clearance
Olsen
Petroleum
Pilot
Polo Ralph Lauren
Quiksilver
Regatta
Suits You/Young's Hire
Ted Baker
Thomas Pink
Timberland
Tommy Hilfiger
Triumph / Horn
Van Heusen
Windsmoor

鞋子與配件：
Clarks

Antler
Claire's Accessories Outlet
Clarks
Ecco
Footlocker
Hobbs
Jane Shilton
LK Bennett
Next Clearance
Ravel
Samsonite Company Stores
Sunglass Time
Tie Rack
Timberland
Tula
World Belts

運動休閒服飾用品：
Billabong
Cotton Traders
Donnay
Footlocker
Hi-Tec
Mountain Warehouse
Nike Factory Store
Puma
Quiksilver
Regatta
Sunglass Time

居家生活用品：
Black Dog Arts
Bookends
Calp
Carphone Warehouse
Cloverleaf
Coloroll
Denby
Design House
Doulton and Company

Edinburgh Crystal
Emporio Home
Gizmo
Home, Lighting & Curtains
Le Creuset
Marks & Spencer Outlet
Next Clearance
Ponden Mill
Professional Cookware
Rugs Plus
Sia
Tefal/Rowenta/Moulinex
Thorntons
Toyzone
Villeroy & Boch
Virgin XS Music
Waterford Wedgwood
Whittard Of Chelsea

化妝保養品及珠寶：
Claire's Accessories Outlet
Goldsmith's
The Luxury Beauty Store
Woods Of Windsor

Swindon
Designer Outlet
內有品牌

Thomas Pink

　　Thomas Pink目前有兩家outlet，位
於Swindon這間是第一家，另一間在York
Designer Outlet。有兩百年歷史的Thomas
Pink必買夢幻逸品之一是襯衫，不過平時的價錢
非常高，大約要£80才能擁有一件。在outlet的
價格則降低許多，每當outlet舉辦折扣季的尾聲
時，還會出現低價再打9折的優惠，如果想要擁
有為數眾多的Thomas Pink襯衫，outlet可是最
佳去處哦！

亮眼的女生襯衫　£19
這件襯衫以過季折扣價£19販
賣，促銷時又多了10%的折扣，
立體的剪裁可以完美展現女性的
優美曲線。

Gap

Gap平時在英國的價格沒有美國來的便宜，不過時常有商品出清的機會，尤其是褲子，常常會有£7.47、£3.98、£1.99這種折扣再折扣的價格出現。我個人相當喜歡Gap的褲子版型，穿起來可略為修飾身型，到Gap outlet時可多多留意這些出清的褲子。

Clarks

英國老牌製鞋公司Clarks一向以「舒適」聞名，Clarks outlet裡各種男鞋、女鞋及童鞋皆有，還經常有買一送一的特價活動，價格相當划算。

Tula

Tula本身是皮件品牌，店裡也同時販賣另一品牌Radly的包包，這兩個品牌一向運用色彩鮮豔與材質輕軟的真皮斗皮，設計成流行的年輕款式。雖然價格有點高，但是可愛的設計讓人愛不釋手。

尋寶路線

Swindon Designer Outlet

地址：Kemble Drive, Swindon, Wiltshire SN2 2DY, UK

電話：01793 507600

交通：搭火車到Swindon火車站，這裡離倫敦大約1小時的交通時間，出站後右轉Station Road再往前直走到London Road，右轉進入徒步隧道（隧道口有指示牌），出了隧道後左轉就可以看到outlet！路程大約10分鐘，一路上都有前往Swindon Designer Outlet指標的牌子，只要一直跟著指示牌走就對了！

巴斯

羅馬浴池

名點小憩

斯文敦Swindon

Swindon Designer Outlet所在的城市——斯文敦，是一個交通樞紐，從這裡前往任何一個地方都很方便，在這裡就介紹兩個鄰近的美麗城鎮。

巴斯Bath

巴斯是我心目中最美麗的英國小鎮，整個城鎮被連綿的丘陵圍繞，城鎮中的古蹟建築具有獨特風格也保存的相當完整。這裡的廣場、半月型的街道，甚至到整個城市的都市規劃大部分是由老約翰伍德與小約翰伍德（John Wood elder & John Wood Junior）所設計的。

交通：由Swindon搭火車到Bath Spa需30分鐘，平日每30分鐘一班車。

半月型的皇家新月樓

羅馬浴池

羅馬浴池（Roman Baths）

建於西元1世紀的羅馬浴池是羅馬時期中最壯觀的英國
古蹟，裡面除了碧綠色的大小浴池中溫泉水長年維持46
度的水溫，也有許多羅馬神祇的雕刻。

地址 Roman Baths, Pump Room, Stall Street,
BATH, BA1 1LZ

電話 + 44 (0) 1225 477 785

格洛斯特 Gloucester

格洛斯特在羅馬時代是通往南威爾斯的要塞，在歷史上扮演極為重要的地位，近年來卻因為格洛斯特大教堂被電影《哈利波特》相中，成為霍格華茲的走廊一景而大受注目。

交通：由Swindon搭火車到Gloucester，需時50分鐘。

格洛斯特大教堂（Gloucester Cathedral）

格洛斯特大教堂建於西元681年，教堂內的彩色玻璃及精雕細琢的拱門迴廊最為出名，哈利波特與他的同學妙麗、榮恩，常常在這條長長的回廊流連。

地址：2 College Green, Gloucester GL1 2LR

電話：+44 (0)1452 528095

Bridgend Designer Outlet

Bridgend Designer Outlet是英國威爾斯最大的outlet，總共有96家商店，雖然商店數目不如其他outlet來的多，在這裡設店的知名世界品牌也較少，不過，如果你並沒有特定的品牌迷思的話，來Bridgend Designer Outlet倒是可以挑到不少便宜好貨。Bridgend Designer Outlet的整體設計讓人逛起來很舒服，恰到好處的商店數，不會使人備感壓力，不用在乎逛街時間夠不夠，也不用取捨要逛哪間店，只要輕輕鬆鬆的往前走就行了！

服飾：

Austin Reed
Autonomy
Barönjon
Ben Sherman
Calvin Klein Jeans
Calvin Klein
Cotton Traders
Designer Room
Elle
HKA
Jaeger
Karen Millen
Klass Collection
Kurt Muller
Lakeland Leather
Lee Cooper
Levi's®
Liz Claiborne
Logo
Marks & Spencer Outlet
Mexx
Moss, Cecil Gee
Nickelbys
Petroleum
Pilot
Playtex/Gossard/Wonderbra
Red/Green
Roman Originals
Suits You
The Edge
Van Heusen
Vans
Winning Line
Wrangler, Lee

鞋子與配件：

Clarks

Antler
Bags Etc
Claire's Accessories Outlet
Clarks
Famous Footwear
Jane Shilton
Soled Out
Sunglass Time
Vans

化妝保養品及珠寶：

Chapelle Jewellery
Ciro Pearls
Claire's Accessories Outlet
Goldsmith's
Liz Claiborne
Woods Of Windsor

居家生活用品：

Birthdays
Bookends
Carphone Warehouse
Christy Outlet Store
Coloroll / Ponden Mill
Gizmo
Kitch'N'sync
Marks & Spencer Outlet
Professional Cookware
Remington
Room
Royal Doulton / Wedgwood
Royal Worcester / Edinburgh
Crystal
Tefal
The Paper Mill Shop
Thorntons
Toyzone
Virgin XS Music

Welsh Crafts
Whittard Of Chelsea
Woods Of Windsor

運動休閒服飾用品：

adidas
Cotton Traders
Donnay
Helly Hansen
Mountain Warehouse
Nike Factory Store
Reebok
Sunglass Time
Tog 24

Bridgend
Designer Outlet
內有品牌

Calvin Klein Jeans & Calvin Klein

走入outlet左手邊就能看到Calvin Klein，雖然Calvin Klein在英國有數家outlet，唯獨Bridgend Designer Outlet這家的折扣最多，特別是褲子，台幣一千元以下就能買到一件了！這間Calvin Klein outlet也常常有樣品出清或者是瑕疵品出清活動，瑕疵品的價格相當低，大多以個位數的價格賣出。來到Bridgend Designer Outlet時，不要忘了留意Calvin Klein堆著樣品與瑕疵品的大箱子。

Mark & Spencer Outlet

　　Mark & Spencer是許多英國媽媽、阿嬤的最愛，簡單的設計，加上每個款式都推出許多顏色供顧客選擇，在英國總是門庭若市。即使是販賣過季商品的outlet，裡面的貨色仍然相當豐富。再者，這些基本款式的衣服，沒有流行不流行的問題，實穿最重要！

琳瑯滿目的球衣

Ben Sherman

　　Ben Sherman在英國被喻為Mod God，服飾設計風
格仍維持著60年代的年輕人時尚文化，如果你喜歡Mod
族的風格，Ben Sherman是你的最佳選擇。

Donnay

　　Donnay是間體育用品店，喜歡足球或者英氏橄欖球
的球迷，在這裡可以買到各國各隊的球衣，另外還有許多
衣服以便宜的價格出清。既然來到威爾斯，怎能不買一件
威爾斯國家隊的球衣呢！

尋寶路線

Bridgend Designer Outlet

地址：The Derwen, Bridgend, South Wales CF32 9SU, UK

電話：01656 665700

交通：由火車站前的公車總站搭Shuttle 100到Sarn，這班公車是往Swansea的客運，中途停靠Sarn，也就是Outlet的所在地，學生有優惠票價，車程大約40分鐘。

名點小憩

卡地夫Cardiff

英國的全名其實是——大不列顛與北愛爾蘭聯合王國，其中的大不列顛又是由英格蘭、蘇格蘭、威爾斯三個國家所組成的，因此威爾斯人和蘇格蘭人都不喜歡大家稱他們為英國人（English），這個字其實是英格蘭人的意思，請直接稱他們為威爾斯人（Welsh）或蘇格蘭人（Scotch）。一進入威爾斯，你就可以看到路標或是招牌上多出了另一種

卡地夫大學的主棟建築物

語言，那是威爾斯語。在威爾斯，除了英語外，威爾斯語
也是官方語言，來到卡地夫，可以參觀著名的城堡、或是
前往國立威爾斯博物館看歐洲大陸外最大的莫內睡蓮。

卡地夫教堂（Cardiff Castle）
擁有兩千年歷史的卡地夫教堂原先為羅馬要塞的防禦古
堡，歷經多次政商名流轉手後，其內部裝潢已成為豪華浪
漫的童話世界。值得一提的是，如果你資金雄厚，你甚至
可以租下城堡的宴會大廳，舉行婚宴。
地址：Cardiff Castle, Castle Street, Cardiff, CF10
3RB, Wales, United Kingdom
電話：+44 (0)29 2087 8100

附 錄

食在英國

Shoping
火力
加油站

儘管英國名廚傑米奧利佛在他的美食節目裡烹煮的食物看起來都「好吃極了」，但在現實的英國街頭中，似乎仍沒碰到能真正豎起大拇指的食物。拜台灣美食所賜，英國的食物坦白說很難滿足台灣人的胃。不過，這裡還是介紹幾種英國常見的食物，供大家參考。

傳統的英國早餐

傳統的英式早餐大致上有肉腸、烤蕃茄、磨菇、薯餅、蛋、培根、黑香腸（Black Pudding）、大豆（Baked Beans），再配上一杯清淡的英國早餐紅茶（English Breakfast）。一日初始就享用如此豐盛的早餐，可說是營養滿分。許多傳統的餐廳還會在門口寫著「英式早餐整日供應」，因此，即便到了下午2點，仍可以享用到全套的英式早餐。

炸魚＆炸薯條

炸魚＆炸薯條是享譽國際的英國食物，幾乎每個人一說到英國的食物，直覺反應就是它。販賣炸魚＆炸薯條的商店分佈在英國各地的街角，老實說這種油膩膩的食物並不特別吸引我，不過肚子餓時買一份薯條，的確是既便宜又可以迅速止餓的方法。位於約克夏Whitby的The Magpie Café是號稱全英國最美味的炸魚＆炸薯條商店，至今已近70年的歷史，每天都有從各地慕名而來的饕客，在店外排隊等待用餐。

The Magpie Café

地址：14 Pier Road, Whitby, North Yorkshire, YO21 3PU.

電話：01947 602058

推薦食物：傳統的炸魚＆炸薯條，一份約£6.95。

連鎖**西班牙**餐廳
La Tasca

La Tasca在英國有50多家分店，各大城市都可以看到店家的蹤跡。雖然我的西班牙在朋友嘗過La Tasca的食物後，仍然認為不夠道地，不過以英國有限的選擇來說，La Tasca算是不錯的選擇了！這是La Tasca特別提供的午餐套餐，可選三道Tapas（下酒菜）組成套餐，大約£6，我選了雞肉西班牙海鮮飯、炸海鮮和Albondigas a la Jardinera（淋上蔬菜及蕃茄熬成醬汁的肉球）。

連鎖雞肉料理餐廳
Nando's

Nando's是專門販賣雞肉料理的餐廳，其中最
有名的是PERi-PERi辣味烤雞，點餐時還可以
自己選擇辣味程度，店中還有提供特調的辣椒
醬，餐點相當具有特色，價格也不高。

旺記 Wong Kei

有一點想念中式餐點嗎？那就來
到倫敦的中國城吧！這裡有各式
的中式料理任君選擇。旺記是其
中一家以便宜著稱，又以服務品
質不佳出名的餐廳。不過，可以
享受中式快炒搭配附上的熱茶，
只能說，還是中國菜美味！

電話：+44 20 7437 8408
地點：41-43 Wardour Street，
London, W1V 3HD
推薦食物：乾炒牛河，約£3.60。

旺 記 大酒樓
WONG KEI
RESTAURANT
41-43 Wardour Street, London W1D 6PY
Tel: 020-7437 3071 Tel/Fax: 020-7437 8408

其他食物

來自義大利的Panini在英國可說相當常見，加熱過的麵包
配上拉絲起司，實在是人間美味，一份大約£3～£4。

位於York的Mr.
Sanwich，店內的三
明治一率£1.0，便宜
的不可思議。

肉餡餅（Pasty）可算是英國
的傳統食物之一，包成餃子
形狀的肉餡餅內含牛肉、馬
鈴薯、洋蔥等餡料。每次經
過 Pasty Shop都可以聞到
陣陣香味飄來，只要咬下一
口，熱呼呼的濃稠內餡隨之
流出……令人想不食指大動
都難。每個肉餡餅約£3.50。

行在英國

英國的大眾交通工具不外乎是地鐵、火車這兩種，票價、地圖及轉程資訊皆可在Transport for London（http://www.tfl.gov.uk）中查詢到，現在分就倫敦市區與郊區來介紹常見的大眾交通工具。

倫敦市區

地鐵 Tube

倫敦的地鐵分為10個區域，分別是Zone 1、2、3、4、5、6和A、B、C、D，其分區方式呈圓環狀向外擴張，中心區為Zone 1；市內絕大多數的觀光景點都分布在Zone1及2內。

單程票價 Single Fare

地鐵區域	票價
含跨4個區域內	£3.00
Zone 2～A、B / 3～B / 4～C、D	£3.50
Zone 1～5、6 / 3～C、D	£4.00
Zone 2～C、D	£4.50
Zone 1～A、B	£5.00
Zone 1～C、D	£6.00

公車 Bus

比起地鐵，坐公車仍是遊覽倫敦當地風景最好的方式之一，除了路線眾多、乘車指示相當明確外，票價也比地鐵便宜，建議可多多使用公車。倫敦公車的票價不分區域，單程票價一律為£1.50，一日卷為£3.50，一週卷為£13.50。

傳統紅色雙層巴士 Routemaster

營運時間：09:30～18:30，每15分鐘一班。

號稱為「馬路大師」的Routemaster在倫敦的交通歷史上擁有其獨特的地位，並不是紅色的雙層巴士就可以被稱為

一日與三日旅遊卡 Travel cards

旅遊卡是一種相當方便的票卷！在規定的有效時間內可以無限次數使用，不僅地鐵接受，也可以用來搭公車。

地鐵區域	一日旅遊卡		三日旅遊卡	
	尖峰時段	離峰時段	尖峰時段	離峰時段
Zone 1～2	£6.20	£4.90	£15.40	-
Zone 1～3	£7.20	-	-	-
Zone 1～4	£8.40	£5.40	-	-
Zone 1～5	£10.40	-	-	-
Zone 1～6	£12.40	£6.30	£37.20	£18.90
Zone 1～D	£13.60	£7.40	£39.20	£20.0
Zone 2～6	£7.40	£4.30	-	-
Zone 2～D	£8.80	£4.60	-	-

＊離峰時段：週一至週五9:30以後，周六、周日、國定假日。

Routemaster的哼！Routemaster特別是指司機獨立在車頭，乘客由車子後方的開放空間自行上下車，車上還有拉鈴，車子行進間也可以上、下車。

從1956年開始，Routemaster在倫敦服務長達半世紀之久。為了跟上時代的腳步，Routemaster在2005年起正式停駛。目前，倫敦仍保留9號與15號這兩條懷舊路線（Heritage route 9 & 15）載運乘客，在這兩條路線上行駛的Routemaster，還經過特別整修重建成1960年代的外貌呢！

倫敦郊區

前往各地旅遊與購物時，首要解決的就是交通
工具了；不論是搭火車或客運，先比較所需時間
與價格，再找出合適自己的方式。到了當地後，
我的第一站通常是當地的遊客服務中心（Tourist
Information Centre），這裡除了可以得到相
關的資料外，還會提供免費的地圖，如果不知道
該如何前往目的地，遊客服務中心的工作人員也
會很樂意告訴你，該走路、該搭幾號公車，甚至
還會提供公車班表，只要把目的地告訴他即可；
如果需要訂旅館，也可以請他們代勞。所有旅客
想知道的食、衣、住、行等資訊，遊客服務中心
都有。

火車 Train

英國的火車由多家鐵路公司聯合營
運，系統相當完善便利，火車票根
據不同的使用規定大致分為下列幾
種，查詢火車時刻表及鐵路相關資訊
最方便的方法是上英國國鐵官方網站
（http://www.nationalrail.co.uk）。
雖然英國國鐵官方網站可查詢火車時
刻表，若要訂票則需連結到各家鐵路公
司，因此建議使用「Qjump（http://
www.qjump.co.uk）」，它整合了各家
鐵路公司的路線，還可以網路訂票，票
價有時更便宜了1～2英鎊哦！

票種	購買限制	使用限制
當日單程票 Standard Day Single	無	無
當日來回票 Standard Day Return	無	限當日來回，去、回程可沿線停留。 來回票
來回票 Open Return	無	去程須直達目的地，回程可沿線停留，使用期限一個月。
特價單程票 / 特價來回票 Cheap Day Single / Cheap Day Return	無	僅限離峰時段使用，需指定使用日期，去、回程可沿線停留。
預購單程票 / 預購來回票 APEX(Advance Purchase Excursion) Single / APEX Return	出發前7天購買，有票數限制。	去、回程皆不可中途停留，需指定搭乘日期、班次。
低價單程票 / 低價來回票 Saver Single / Saver Return	無	去程須直達目的地並指定使用日期，回程可沿線停留，使用期限一個月。 （附註：有些路線限僅限離峰時段使用。）
超低價單程票 / 超低價來回票 Supersaver Single / Supersaver Return	購買時指定去程使用日期。	星期五、尖峰時段及部份離峰時段不可使用，回程可中途可停留，使用期限一個月。（附註：旅遊旺季時有不同尖峰時段限制。）
團體旅遊票 Group Travel Ticket	有些路線提供3人或4人以上的旅遊票，票價有折扣，購票時可詢問。	

長途客運

這裡介紹英國2家最主要的長途客運公司。

Megabus

(http://www.megabus.com/uk/)

Megabus從2004年開始營運，主要提供倫敦往來各個城市，以及蘇格蘭主要城市之間的客運服務。特別的是，它標榜著不可思議的£1票價開始起跳，當然，愈早訂票愈便宜。此外，Megabus只提供網路購票及電話訂票，不提供現場購票。訂票時，除了支付票價外，每次訂票還須另加一筆£0.5的訂票費。雖然乘坐Megabus不及火車或National Express舒適，但如此便宜的票價，辛苦一點也是值得的。

National Express

(http://www.nationalexpress.com)

National Express提供31個城市的客運服務網絡，包含倫敦內三處機場到各個城市的服務。如果需要從倫敦的機場直接前往其他城市的話，建議搭乘National Express較為方便，也不需要帶著行李到火車站轉車。由於National Express當天購票的價格較高，因此最好預先購票。此外，National Express為了因應Megabus的低價策略，它會在特定路線中（多半也是Megabus營運的路線）提供限定的網路便宜車票。

住在英國

找尋英國住宿的最好方法是上英國遊客中心（British Visitor Centre），或是當地遊客中心（Visitor Centre）的網站，根據不同的需求蒐集資料，相當方便。由於英國住宿所費不貲，最省錢的選擇是青年旅館與B&B（這是Bed & Breakfast的縮寫，意指床位及早餐，即是我們所說的民宿）。下面簡略提供幾個網站與旅館作為參考。

遊客中心

* 英國遊客中心 British Visitor Centre
  http://www.visitbritain.com
* 倫敦遊客中心 Visit London
  http://uk.visitlondon.com/
* 約克遊客中心 York Tourism
  http://www.visityork.org/
* 斯文敦遊客中心 Swindon's official Tourism Website

http://www.visitswindon.co.uk/
* 契斯特遊客中心 The Chester Experience
   http:// www.visitchester.co.uk/
* 普茲茅斯遊客中心 Visit Portsmouth
   http://www.visitportsmouth.co.uk/

青年旅館

Astor（http://www.astorhostels.com/）

Astor旗下共有5間青年旅館分布在倫敦市中心，提供雙人房到多人混住的房間，下面將簡單介紹這5間旅館的基本資料。

* Hyde Park Hostel
   地址：2-6 Inverness Terrace, Bayswater, London W2 3HY
   電話：+ 44 (0)20 7229 5101
   Email：hydepark@astorhostels.com
   價格：12人房一人£11起，雙人房一間£43。
* Quest Hostel
   地址：45 Queensborough Terrace, Bayswater, London W2 3SY
   電話：+44 (0)20 7229 7782
   Email：astorquest@aol.com
   價格：9人房一人£11起，雙人房一間£50起，每日價格不一。
* Museum Hostel
   地址：27 Montague Street, Bloomsbury, London WC1B 5BH
   電話：+ 44 (0)20 7580 5360
   Email：mastormuseuminn@aol.com
   價格：12人房一人£15起，雙人房一間£50。

* Victoria Hostel

地址：71 Belgrave Road, Victoria, London SW1V 2BG

電話：+ 44 (0)20 7834 3077

Email：mastorvictoria@aol.com

價格：8人房一人£11起，雙人房一間£50起，每日價格不一。

* Leinster Inn Hostel

地址：7-11Leinster Square, Bayswater, London W2 4PP

電話：+ 44 (0)20 7229 9641

Email：leinster@astorhostels.com

價格：8人房一人£14，雙人房一間£20.50起。

YHA （http://www.yha.org.uk/）

YHA集團的青年旅社除了倫敦外，在英國各地皆有據點，這裡介
紹位在倫敦其中幾間優質旅社。

* London St Pancras

地址：79-81 Euston Road, London NW1 2QE

電話：0870 770 6044

Email：stpancras@yha.org.uk

價格：大人£24.60，18歲以下£20.50。

* London South Kensington

地址：65-67 Queen's Gate, London, SW7 5JS

電話：0870 770 6132

Email：bph.hostel@scout.org.uk

價格：大人£28，18歲以下£22。

退稅資訊

在英國購物時，我們所購買的商品都內含一筆商品加值稅（VAT），這筆商品加值稅占商品售價的17.5%，比例相當的高。非歐盟地區的旅客只要在同一家商店累積一定的消費額度，並在三個月內將物品帶出歐盟，就可以向店家申請退稅。

英國退稅程序：以Harrods為例

第一步：將Harrods的發票集合起來（不需同一日消費，只要將三個月內帶出歐盟的商品發票即可）。

第二步：到店家填寫退稅表格（記得攜帶護照）。

第三步：在離開英國時，帶著購買的商品與退稅表格在機場辦理退稅手續（如果商品放在託運行李內，請先到退稅櫃檯辦理退稅後再Check in，如果商品放在隨身行李內，則可先Check in再辦理退稅）。

 # 3 easy steps to claiming your refund

1 **Collect your refund.**
After completion of the form in store, take it to the Downtown Cash Refund desk. You will need a valid credit card as guarantee that you will return the Customs stamped form to Global Refund. You must be departing the EU within the next 21 days and your purchases must total under £1,000 per form.

2 **Through Customs.**
When leaving the EU, simply show your purchases, receipts and passport to Customs officials and have your Global Refund forms stamped. Customs personnel are well informed of the Global Refund system.

3 **Return your form.**
Post the stamped Global Refund form in the Freepost envelope supplied. **Note: Failure to return the form will result in the full amount of VAT being charged to your credit card.**

GLOBAL REFUND

注意事項

*大部分店家的退稅最低額度為£50，因此要消費£50以上，店家才願意為你辦理退稅，購物前可先行詢問退稅最低額度。

*雖然商品加值稅為17.5%，不過實際上的退稅稅率卻是售價的14.89%，還要再扣除相當可觀的一筆手續費。基本上，每間店家都有一個表格（Refund Table），可以查詢實際的退稅金額。例如：我在Harrods的消費總額為£65.40，按14.89%的稅率後得到£9.74的退稅金額，扣除手續費後實際可以退還的金額為£4.20。

*切記辦理退稅的商品一定得在3個月內帶離歐盟境內。

*目前英國店家所製作的退稅表格並無統一，如果你拿到不同的表格不要覺得奇怪。

*基本上，同一品牌或同一家連鎖商店的發票都可以集合退稅，也就是說不管在英國哪一家分店購物的發票都可以一起辦理退稅，既使拿Outlet與一般專賣店的發票也可以合併退稅，發票合併的好處在於減少手續費的扣除，拿到較多的退稅金額，但不是每間店的店員都清楚這些規定。例如：我在Sloane Street的Pringle分店辦理退稅時，店員認為在Pringle outlet的發票無法在專賣店退稅，當我到New Bond Street的Pringle分店詢問是否可一起退稅時，卻順利完成退稅。因此，如果試一家不成功，可以換另一家分店再試試看。

*店員填寫完退稅表格交給你後，還有許多部分需要自己填寫，建議你找時間填寫完畢，以免在機場浪費時間。

*倫敦希斯洛機場的退稅隊伍一向大排長龍，請提早到機場預留時間辦理退稅。

*如果你最後離境的歐盟國家不是英國，則須在最後離境的歐盟國家辦理退稅。由於每個國家的機場退稅程序不盡相同，在到達機場後再詢問當地退稅的程序。例如：德國的法蘭克福機場會要求旅客先Check in，再告知櫃檯你的托運行李中有須退稅的物品，之後自行將托運行李拿到退稅櫃台辦理退稅。

萬一你不小心Shopping的太高興，情不自盡買
了太多東西時，該怎麼辦呢？打包這些血拼戰利
品時，記得箱子底部要封牢，多貼幾條膠帶以免
運送過程「掉底」，不易壓壞的重物放在底層，
最容易在運送過程中出錯的瓷器品要小心，如果
沒有氣泡布也可以用衣服包裹，放在箱子的中間
位置，比較不容易損壞。托運行李可是有重量
限制的，行李超重的罰款是每公斤台幣1千多元
哨！所以千萬別冒險帶太多行李check in，下面
提供大家幾個方法從英國寄東西回台灣。

英國郵局 (http://www.royalmail.com/portal/rm)

由於英國的郵資相當昂貴，選擇郵局空運是絕對不划算的，
不過郵局的海運倒是可以考慮。郵局海運大致上每2kg要價
£9.41，也就是說4公斤以下的包裹使用郵局海運才划算，不過
要注意的是，郵局海運的運送時間較長，大約6～8個禮拜，還
不一定提供掛號或保價的服務。

運送方式 Service Method	重量 Weight	價格 Price	運送天數 Delivery Day
海運小包 Royal Mail Surface Mail Small Packets	2kg	約£9.41	56天
海運小包含掛號 Royal Mail International Signed For Surface Small Packets	2kg	約£12.71	56天
經濟型國際包裹 International Economy	4kg	約£47.45	45～59 天

Tystysgrif Postio

Derbynneb yw hon am lythyron mewndirol Dosbarth Cynaf ac Ail Ddosbarth ac eitemau tramor cyffredin a anfonir drwy'r post Awyr neu Wyneb. Cadwch hi'n ddiogel – os byddwch yn gwneud hawliad am iawndal bydd rhaid i chi gyflwyno'r dystysgrif hon.

Ni ddylid defnyddio post Dosbarth Cyntaf neu Ail Ddosbarth i anfon arian na phethau gwerthfawr – defnyddiwch Special Delivery.

Os ydych chi'n anfon arian neu eitemau gwerthfawr dramor, holwch yn eich cangen leol o Swyddfa'r Post® am gyngor ynghylch y gwasanaeth gorau i'w ddefnyddio.

Post Brenhinol

Royal Mail
Y Rhwydwaith Real™

Certificate of Posting

This is a receipt for 1st and 2nd Class inland letters and ordinary overseas items sent by Air or Surface mail. Keep it safe – if you need to make a compensation claim you will need to produce this certificate.

1st or 2nd Class post should not be used for sending money or valuable items – use Special Delivery.

If sending money or valuables overseas, please ask at your local Post Office® branch for advice on the best service to use.

| Ysgrifennwch yr enw, y cyfeiriad a'r cod post ar gyfer pob eitem sy'n cael ei hanfon yn y blwch isod (mewn inc)

Please write the name, address and postcode for each item you're sending in the box below (in ink). | nifer eitemau
number of items

1 | Llythrennau staff
Staff initials | stamp dyddiad
date stamp

THE HAYES CARDIFF S
22 MY 04
Post Office |

enw name	cyfeiriad a chod post address and postcode
Jinlu Huang	46-42 158 street
	Flushing, NY 11358
£4.66	U.S.A.

parhewch drosodd (os bydd angen)

please continue on the back (*if necessary*)

P326 WELSH Chwe Nov 02

188

快遞

使用空運快遞的好處是運送時間短，一般來說4天左右就可以收到了，而且快遞10公斤的包裹費用比郵局海運5公斤還來的便宜，這是我最建議使用的方式。Parcel 2 Go（http://www.parcel2go.com/）是我曾使用過的空運公司，請自行預先找箱子將物品包好，再上網預

定取貨時間，利用網路付款系統付費後，自行列印包裹的條碼與發貨單，隔日取貨時，再附上刷卡人的親筆簽名就算大功告成。由於大部分的手續都在網路上完成，因此相當方便。英國還有其他家快遞公司，大家可以多多參考比價。

運送地區 Delivery Area	重量 Weight	價格 Price	運送天數Delivery Day
遠東及亞洲 Far East & Asia	10kg	約£55.99	7天內 In a week
遠東及亞洲 Far East & Asia	25kg	約£100.99	7天內 In a week
遠東及亞洲 Far East & Asia	50kg	約£170.99	7天內 In a week

注意事項：
＊除去包裹的運送費用外，另需負擔一筆取件油資，這筆價格是浮動的，每日隨著油價調整。
＊除了列印包裹條碼外，記得還要列印2份發貨單Commercial Invoice，表格可以在Parcel 2 Go網站下載。

海運

海運非常適合運送60～70公斤以上的物品。英國有許多海運公司，這裡介紹一家台灣留學生常用的Seven Seas（http:// www.sevenseas.co.uk）給大家參考看看。

運送方式 Service Method	運送類別 Service Type	運送時間 Transit Time	第一箱的價錢 First Carton(s) Tea Chest	第二箱以上的價錢 Tea Chest Thereafter	重量限制 Max Weight
經濟型海運 Economy Sea	Door-To-Door	6週	£89.00	£30.00	30kgs
經濟型海運 Economy Sea	Door-To-Door	6週	£60.00	£20.00	40kgs
快速型空運 Express Air	Door-To-Door	10 天	£275.00	£150.00	30kgs
快速型空運 Express Air	Door-To-Door	10 天	£123.50	£66.00	30kgs

＊Door-To-Door與Door-To-Depot的差別在於Door-To-Depot是寄到港口，自己得到港口領件清關，清關時還需要一筆清關費。Door-To-Door則是全部手續幫你處理好，不用再付其他費用，直接寄到指定地址。
＊Seven Seas還有提供箱子及包裝素材，方便運送。

Ashford Designer Outlet

地址：Kimberley Way, Ashford, Kent TN24 0SD, UK

電話：+44 (0) 1233 895900

營業時間：Mon - Fri 10am - 8pm, Sat 10am-7pm, Sun 10am-5pm.

交通：搭火車到Ashford International火車站，再轉專用接駁公車即可抵達。

小叮嚀：建築外觀特別的Ashford Designer Outlet大約有80間商店，包含Fred Perry, Tommy Hilfiger, Ted Baker等等。

Livingston Designer Outlet

地址：Almondvale Avenue, Livingston, West Lothian EH54 6QX, Scotland

電話：+44 (0) 1506 423600

營業時間：Mon – Wed 9am–6pm, Thurs 9am–8pm, Fri - Sat 9am–6pm, Sun 11am–6pm

交通：

路線1—搭火車到Edinburgh火車站，再搭First公車27號或28號到Livingston Terminal。

路線2—搭火車到Glasgow火車站，再搭公車15A或X15到 Livingston Terminal。

小叮嚀：這是蘇格蘭最大的Outlet，擁有超過100間商店，包含Armani Collections, Burberry等等。

Mansfield Designer Outlet

地址：Mansfield Road, South Normanton, Derbyshire DE55 2ER, UK

電話： +44 (0) 1773 545000

營業時間：Mon - Wed 10am-6pm, Thurs 10am-8pm, Fri 10am-6pm, Sat 10am-7pm, Sun 10am-5pm

交通：搭火車到Mansfield火車站，再搭Trent Barton 公車92號到McArthur Glen Designer Outlet。

小叮嚀：Mansfield Designer Outlet大約有70間商店，Calvin Klein Jeans, Clarks等等。

The Galleria Outlet

地址：Comet Way, Hatfield, Herts, AL10 0XR

電話：+44 (0)1707 278301

營業時間：Mon - Fri 10am - 8pm, Sat 10am-6pm, Sun 11am-5pm.

交通：由倫敦的 Victoria Coach Sation或Hyde Park Corner或Marble Arch 搭Green Line 797號到Hatfield, The Galleria

小叮嚀：超過60間商店，有Pringle、Yves Saint Laurent等等，還有一間TKMaxx。

Clarks Village

地址：Clarks Village, Farm Road, Street, Somerset, BA16 0BB

電話：+44 (0)1458 840 064

營業時間：

11月到3月：Mon, Tues, Wed, Fri and Sat 9.00am - 5.30pm, Thurs 9.00am – 8.00pm, Sun 10.00am - 5.00pm

四月到10月：Mon, Tues, Wed, Fri and Sat 9.00am - 6.00pm, Thurs 9.00am – 8.00pm, Sun 10.00am - 5.00pm

交通：搭火車到Taunton火車站，轉First公車29號到Street

小叮嚀：共有90幾間店面，最大最齊全的Clarks Outlet，

The Body Shop貨色多，還有Fat Face、United Colors of Benetton等等。

Whiteley Village

地址：Whiteley Village Shopping Outlet, Whiteley Way, Whiteley, Fareham, Hants, PO15 7LJ

電話：+44 (0)1489 886886

營業時間：Mon- Sat 10.00am – 6.00pm, Sun 11.00am - 5.00pm

交通：搭火車到Fareham火車站，轉First公車28或76號到Whiteley。

小叮嚀：共有70間左右的商店，有Pringle、Joseph、Samsonite等等。

Dockside Outlet

地址：Centre Management Suite, Dockside Outlet Centre, Maritime Way, Chatham Maritime, Chatham, Kent, ME4 3ED

電話：+44 (0) 1634 899 389

營業時間：Mon – Wed, Fri, Sat 10.00am - 6.00pm, Thurs 10.00am - 8.00pm, Sun 11.00am - 5.00pm

交通：搭火車到Chatham火車站，轉ARRIVA公車140或141號到Dockside Outlet Centre。